CRITIQUE ET PERFECTIONNEMENT

DE LA

SCIENCE ACTUELLE

PAR

ÉMILE DELAURIER

Membre de la Société d'Encouragement
De la Société chimique de Paris, des Sociétés de physique
Des Amis des Sciences
De la Société protectrice des citoyens, etc.

PARIS

GEORGES CARRÉ, ÉDITEUR

58, RUE SAINT-ANDRÉ-DES-ARTS, 58

—

1891

CRITIQUE ET PERFECTIONNEMENT

DE LA

SCIENCE ACTUELLE

CRITIQUE ET PERFECTIONNEMENT

DE LA

SCIENCE ACTUELLE

PAR

ÉMILE DELAURIER

Membre de la Société d'Encouragement
De la Société chimique de Paris, des Sociétés de physique
Des Amis des Sciences
De la Société protectrice des citoyens, etc.

PARIS

GEORGES CARRÉ, ÉDITEUR

58, RUE SAINT-ANDRÉ-DES-ARTS, 58

—

1891

PRÉFACE.

Lorsque je trouve à formuler un blâme sévère sur les hommes, ou simplement, à critiquer leurs actes, leurs travaux ou leurs idées, jamais je ne le fais pour le plaisir de faire de l'opposition ni par esprit de contradiction.

Je n'ai jamais critiqué quoique ce soit sans dire ce qu'il me paraissait préférable de mettre à la place ; à moins que tout fut mauvais.

Je cherche à détruire le mal et l'erreur, et, surtout, à trouver le bien et le vrai. Je ne travaille que dans ce but.

J'avoue, à mes lecteurs, que les mémoires, que j'ai l'honneur de présenter au public, n'ont pas eu de succès chez les savants de la Science officielle. Les princes de la science, qui ont dû lire mes manuscrits lorsqu'ils furent présentés à *l'Académie des Sciences* et aux autres sociétés savantes, n'ont même pas daigné en faire le plus petit rapport, même peu favorable. Il est vrai que ce n'est plus guère de mode à présent, les savants de l'Institut étant trop au-dessus du *vulgum pecus* pour s'occuper de ces idées et de ces travaux, surtout lorsqu'ils ne s'accordent pas avec ce qu'ils savent.

Tous les jours des choses que l'on croyait impossibles se font. Ainsi nous avons vu le docteur Bouillaud de l'Institut traiter de charlatan, même un de ses confrères, le comte du Moncel, lorsque celui-ci a présenté le phonographe d'Édison à l'illustre Académie des Sciences.

Malgré le précédent des photographies colorées obtenus par Edmond Becquerel il y a plus de quarante ans, personne ne croyait plus, ainsi que moi, à la possibilité d'obtenir photographiquement des couleurs durables. J'y avais rénoncé après beaucoup de recherches en employant, sans succès, des verres colorés; principalement les trois couleurs primitives, le jaune, le rouge et le bleu.

Eh bien, actuellement, l'admirable expérience de M. Lippmann met les chercheurs sur la voie de la réussite de la photographie en couleurs durables. C'est pourquoi, malgré ces opinions si variables, même dans les sciences les plus exactes (je ne parle pas de la médecine, et pour cause, tant elle a varié de fois), je suis forcé, pour le triomphe de mes idées, de faire appel au souverain *Tout le monde*, ce grand juge qui finit toujours par donner gain de cause au bon droit et à la vérité, lorsqu'il a eu le temps d'étudier pour bien établir son opinion. Ce n'est souvent que la postérité qui nous approuve, mais on est heureux tout de même de penser que l'on a semé les germes du progrès social et scientifique.

Les académies des sciences d'Autriche et de Belgique m'ont retourné des copies de mes mémoires, parce que j'avais envoyé naturellement d'abord les originaux à l'Académie des sciences de Paris. C'est, m'a-t-on répondu, le réglement. Je n'ai ni le droit ni le pouvoir d'en empêcher l'application, mais je me permettrai de blâmer ces réglements maladroits et oppressifs. En effet, si un mémoire original, qui a été envoyé à une haute société savante, n'a pas été inséré *in-extenso* ou même en extrait dans les comptes-rendus ou dans un bulletin de la dite société, c'est absolument le fruit de notre travail qui est complétement perdu: un vrai coup d'épée dans l'eau. Heureux encore quand on n'oublie pas de mentionner le titre de votre manuscrit et le nom de l'auteur.

Par ces réglements arbitraires et ridicules, un

chercheur, qui n'a pas su ou voulu se courber devant les savants en faveur parmi les gouvernants, ni se mettre en accord parfait avec la science officielle, est donc condamné, sans pouvoir faire appel aux autres juridictions de savants.

L'internationalité de la science est désirable pour étendre nos connaissances, mais elle ne vaut rien lorsque c'est pour soutenir de puissantes coteries.

Actuellement, lorsqu'on ne suit pas à la lettre le courant de la science officielle, on est sûr d'être étouffé moralement, aurait-on raison autant que Galilée. C'est un reste de barbarie cruelle ; mais enfin cela vaut mieux que d'être brûlé vif, ou seulement de faire amende « honorable » pour ne pas dire déshonorante, comme on vous y contraignait au Moyen-âge, quand vous n'étiez pas de l'opinion de ces docteurs perroquets dont l'intelligence était abrutie par les croyances religieuses.

Nous avons encore des fanatiques qui en feraient autant s'ils étaient les maîtres.

J'ai vu et entendu des curés et des prédicateurs qui ont prêché et prêchent encore, même à Paris, contre la liberté de penser ; et nous libres-penseurs, nous sommes obligés par notre oligarchie gouvernementale de payer, quoiqu'en république, des impôts énormes pour faire des rentes considérables à ces insulteurs publics privilégiés, à ces fausseurs de l'éducation et, quelquefois, des démoralisateurs de la jeunesse. Le clergé devrait professer la morale la plus pure et aimer la paix ; mais il prend la contre-partie de ce que la religion chrétienne a de bon grain mélangé avec tant d'ivraie.

Ne suffit-il pas aux cléricaux d'avoir eu leur Saint-Barthélemy à Paris lorsqu'ils ont poussé au massacre de la population de la capitale, après avoir excité la plupart des populations de province dans les chaires des églises, alors que les prussiens avaient envahi une partie de la France !

Ils ont engagé le gouvernement et l'armée à brusquer les choses le 18 mars 1871 pour surexciter les passions politiques et patriotiques, qui se seraient calmées d'elles-mêmes au bout d'un mois ou deux : mais cela n'aurait pas fait l'affaire des prétendants ni du clergé.

Les républicains ayant accepté par la suite, peut-être forcément, la constitution actuelle, n'ont pas su s'en dépêtrer. Cette constitution monarchique laisse malheureusement une porte ouverte à la réaction qui cherche à se cacher sous le titre de « république conservatrice », mais qui fait tout son possible pour s'introduire dans la place pour miner le semblant de république que nous avons. Ce serait un immense malheur, car cela arrêterait tout progrès scientifique, philosophique et politique, et amènerait inévitablement de nouvelles révolutions. Elles seraient probablement évitées si nos législateurs s'inspiraient un peu de ma *nouvelle constitution*, de même qu'ils ont été forcés d'abandonner le *scrutin de liste* que j'ai combattu si ardemment et si longtemps.

Je profite de ma conversation avec le public savant pour donner un petit aperçu de mes travaux.

Depuis cinq années je suis rédacteur politique et scientifique du *Montrougien* et du *Bon-Citoyen*.

J'ai publié quelques ouvrages :

Opinion de Lamartine sur le scrutin de liste, 1 volume in-12, 1880.

Essai de philosophie naturelle, quatre fascicules in-8, 1882-83.

Nouvelle constitution, in-12, 1889.

Et quantité de brochures politiques et scientifiques à diverses époques depuis bien des années.

Une foule de mémoires adressés aux sociétés savantes et industrielles, ainsi qu'un grand nombre d'inventions publiées dans des revues scientifiques ou industrielles.

J'allais oublier de dire que j'ai eu plusieurs fois quelques tableaux qui ont eu les honneurs du salon.

J'ai aussi l'avantage d'avoir obtenu des médailles de bronze, d'argent et d'or, aux expositions universelles et partielles.

Si je fais part de mes travaux à mes lecteurs, c'est moins par orgueil que pour les engager à lire avec attention ce petit volume et à ne pas repousser de parti pris les idées d'un travailleur, chercheur de vérité, de progrès et de véritable justice.

Ce 15 *mars* 1891.

DELAURIER.

NOUVELLE THÉORIE

DE L'UNIVERS

PAR

Émile DELAURIER

NOUVELLE THÉORIE DE L'UNIVERS

On enseigne des choses tellement contradictoires, qu'il n'est pas surprenant qu'une foule de personnes instruites ne peuvent pas s'y reconnaître, et finissent par accepter comme vrai tout ce qu'on leur apprend, quand elles ne peuvent élucider les causes de ces contradictions.

Ainsi des savants comme Agassiz, l'abbé Moigno, le père Secchi, Cauchy et bien d'autres, tous aussi peu logiques, ont-ils admis à la fois la Genèse de la Bible comme la véritable origine du monde et d'autres systèmes bien opposés, principalement celui du grand mathématicien et athée Laplace qui, quoique tout à fait différent, n'en est pas beaucoup meilleur pour cela.

C'est le seul, je crois, que l'on enseigne dans les écoles des hautes études de l'Europe et de l'Amérique, et même au collège des Jésuites à Rome.

Les catholiques, les protestants et les israélites croyants, admettent que Dieu, au lieu d'instruire les hommes a dit des absurdités pour se mettre à la portée des ignorants. C'est bien mal raisonner que de faire de semblables suppositions contraires même à l'idée que l'on se fait, à tort ou à raison, d'une suprême intelligence, MM. Faye et Hirn, tous deux de l'Institut, ont de nos jours fait des modifications malheureuses à cette théorie, en s'appuyant cependant sur des objections sérieuses, mais en se trompant d'un autre côté. Je suis surpris que des savants aussi élevés aient admis des idées qui ne s'appuient pas sur le grand principe : *de la conservation de l'énergie,* ni sur un autres principe, adopté par les philosophes les plus éclairés : *que rien ne se perd ni ne se crée dans la nature,* auquel j'ai ajouté ; *ni matière, ni force, ni intelligence.* Hors de ces grands principes de haute science, il n'y a qu'erreurs et absurdités.

Voyons si le système du monde de Laplace s'appuie sur ces grands principes scientifiques et philosophiques.

Inspiré inconsciemment du chaos de la Bible, Laplace admet qu'une nébuleuse se transforme peu à peu en un système solaire comme le nôtre et qui, se refroidissant, fera des astres morts ; que deviennent ces astres ensuite ?

Le grand univers de toute la nature deviendra-t-il mort comme le nôtre ? A-t-il eu un commencement et aura-t-il une fin ? C'est ce que le savant Laplace ne dit pas. M. Faye, lui, l'affirme, tout en adoptant les idées principales du système du monde. Laplace aurait dû nous dire d'où vient cette nébuleuse, pourquoi elle a un mouvement de rotation et une grande chaleur et enfin d'où lui vient cette chaleur et où elle va ? La chaleur rayonnante s'égalise dans un milieu plus froid mais ne se concentre pas pour reformer d'autres nébuleuses avec des astres morts.

Notre univers ou monde solaire ni d'autres, d'après Laplace, ne conservent pas leur chaleur, qu'elle soit matière ou vibration de matière raréfiée. Donc le fameux principe : *de la Conservation de l'énergie*, est violé dans cette théorie.

Les mondes du grand univers, c'est-à-dire de la nature infinie, ont-ils été tous formés d'abord par des nébuleuses? Ces nébuleuses ont bien de l'analogie avec le chaos mythologique et aussi le biblique. Le chaos implique un commencement du monde et même une fin. Ceci est donc contraire à la haute philosophie qui nous enseigne que: *rien ne se perd ni ne se crée dans la nature, ni matière, ni force, ni intelligence.* La vie organique elle-même est un produit de la matière à la fois force et intelligence; il n'y a donc pas de génération spontanée de la vie puisqu'elle existe éternellement sous une forme ou sous une autre. Mais il est certain qu'il y a des conditions pour que les êtres organisés prennent naissance, sans germes, avec les éléments minéraux. Pasteur lui-même, si ennemi de cette opinion, a nourri de la levûre avec des sels ammoniacaux. Nourrir ou faire naître, il n'y a que l'épaisseur d'un cheveu, il suffit de trouver le joint.

Il n'y a pas non plus de création organique instantanée d'êtres supérieurs par une force qui se nomme Dieu ou intelligence. C'est l'influence du milieu qui transforme les animaux et les plantes et fait des espèces distinctes. Pour en revenir à l'hypothèse de Laplace, il y a bien d'autres objections à faire qui en prouvent l'impossibilité, ce qui la rend presque aussi absurde que la génération de l'univers de la Bible, tout en ayant de hautes prétentions scientifiques et jetant beaucoup de poudre aux yeux par les savantes et abstraites formules mathématiques. C'est devenu la mode actuellement, de même que les anciens savants parlaient latin et grec pour éblouir le vulgaire et cacher leur ignorance de ce qu'il est utile de savoir.

Les mathématiques sont nécessaires pour les progrès scientifiques, mais elles ne sont que des instruments.

Laplace suppose que le monde solaire et les mondes stellaires sont d'abord des nébuleuses. Ceci n'est pas du tout certain, puisqu'à mesure que la puissance des télescopes a été plus grande, on a découvert un plus grand nombre d'étoiles ; des nébuleuses ont été résolubles et d'autres se sont présentées à l'œil de l'observateur.

De plus, la photographie nous a fait découvrir une foule d'étoiles que l'on ne peut apercevoir avec les meilleurs télescopes.

C'est donc déjà une base bien fragile du système, que les nébuleuses origine des mondes.

Maintenant, par l'attraction naturelle supposée de la matière, ces nébuleuses seraient parfaitement sphériques. Pas une ne l'est. Si les soi-disant nébuleuses étaient animées d'un mouvement de rotation autour de leur centre, elles prendraient des formes lenticulaires et même de disques, alors nous en verrions de sphériques, d'ovales, etc., selon la position qu'elles se présenteraient à notre vue. On ne voit rien de tout cela, ou c'est aussi vague que les figures des constellations, qui représentent si imparfaitement des vierges, des balances, des écrevisses, des gémeaux, etc.

En 1815, Thilorier faisait remarquer, avec raison, qu'il ne doit pas exister d'espace vide entre les différents systèmes des petits univers. C'est cependant ce qu'il faudrait admettre si une nébuleuse tournait sur son axe, car elle serait arrêtée dans son mouvement par la matière intermédiaire avec d'autant plus de raison que le soleil entraîne tout son système planétaire et cométaire dans d'autres parties de l'espace céleste, ce qui ferait un énorme frottement sur les champs et sur la circonférence du système.

Je ferais remarquer à ce sujet que si le soleil se déplace, toute l'astronomie géométrique et mathématique est à refaire, puisque les orbes et les ellipses des comètes de notre système solaire feraient des épicycloïdes, comme la lune, au lieu de faire des courbes fermées. Thilorier est d'accord avec les partisans de la théorie de l'ondulation de la lumière actuellement adoptée par tous les savants, ce qui est contraire à l'émission de la lumière dans le vide de Newton.

M. Faye trouve que le système du monde de Laplace n'est pas possible pour plusieurs raisons : une des principales, c'est que, quoique le mouvement d'Uranus et de Neptune, pour décrire leurs orbes, soit dans le même sens que les autres planètes de notre monde solaire, la rotation de ces astres et de leurs satellites se fait en sens inverse ou rétrograde. Laplace, par le calcul des probabilités, avait trouvé justement qu'il y a plusieurs milliards à parier contre un que cela ne devait pas être.

Beaucoup de comètes, faisant réellement partie de notre système solaire, circulant en tous sens, et presqu'autant en sens inverse du mouvement des planètes autour du soleil, c'est encore une objection capitale au roman du savant Laplace.

Si un amas de matière nébuleuse lenticulaire se refroidissait, il n'y aurait aucune raison pour qu'il se divisât en anneaux, comme ceux de Saturne, car il n'y a là aucune analogie.

Laplace admettait l'attraction de la matière pour elle-même, sans expliquer la cause de cette conjonction. Rien n'empêcherait la matière refroidie de se porter directement sur le centre dont elle accélèrerait la vitesse. Nous savons justement que le soleil tourne bien moins vite sur son axe que Mercure et les autres planètes, dans les chemins qu'elles parcourent autour de lui. Le refroidissement de la nébuleuse supposée, joint à l'attraction, transformerait en une masse unique tout ce qui se porterait au centre.

Cette nébuleuse fantastique de Laplace devrait avoir dans toutes ses parties un mouvement angulaire proportionnel de rotation comme les rayons d'une roue, c'est encore une supposition gratuite. Il en est de même des planètes, elles devraient toutes avoir une vitesse proportionnelle de translation. Il n'en est rien.

Cette formation des mondes, inventée par un grand mathématicien a eu beaucoup de succès, parce qu'elle donnait quelques bonnes raisons apparentes, mais réellement, elle ne supporte pas un examen sérieux. Laplace n'explique pas non plus ni bien ni mal, la formation des étoiles filantes, des aérolithes, des bolides, des comètes, etc., etc. Il n'explique pas non plus pourquoi il n'y a pas de rapport entre la grosseur des planètes et leur distance au soleil, ni la densité, ni la vitesse de translation et de rotation. Il n'y a que la loi de Bode qui donne une certaine approximation pour la distance réciproque, voilà tout. Il devrait exister des rapports mathématiques bien plus sérieux, si les planètes avaient une même origine.

Enfin, si le système de Laplace était vrai, comment pourrait-on concilier notre croûte mince du globe, et les efforts qu'exerce ce que l'on nomme l'attraction qui produit les marées. Plusieurs fois par jour, l'élévation et l'abaissement de la masse liquide en fusion briseraient la mince croûte du globe. C'est surtout au moment de la syzigie positive ou conjonction du soleil avec la lune, que ces catastrophes seraient effroyables.

Les uns disent que l'élévation de température du globe augmente de un degré à chaque trente mètres de profondeur ; d'autres observateurs disent que cela n'est pas ; je crois que ces derniers ont raison. Si notre terre était un petit soleil refroidi, la température croîtrait en proportion géométrique, et alors, pour avoir une température de mille degrés, il ne faudrait que 330 mètres de profondeur, ce qui n'est pas ; en supposant seulement la proportion arithmétique, cela ne serait encore que 30 kilomètres. La masse en fusion se rait 500 fois plus grande que la croûte solide.

Tout ce que l'on a écrit sur le feu central et sur les époques géologiques, bibliques ou autres, est du pur roman. En admettant la terre en fusion, elle ne serait pas habitable encore actuellement et n'aurait pu l'être encore moins avant ce refroidissement supposé. M. Hirn, et surtout M. Faye, ont émis quelques bonnes critiques du système du monde de Laplace, mais ils n'ont pas été bien heureux dans leurs idées, surtout M. Faye. Il a voulu se rallier à la Bible, pour ménager la chèvre et le chou, c'est-à-dire la mythologie religieuse et la philosophie ?

Sa théorie n'en est vraiment pas une. Il admet d'abord un chaos plus général que celui de Laplace, le vrai chaos de la Bible ; il serait formé de tous les éléments chimiques brouillés ensemble par un mouvement giratoire et une température élevée, tout cela par la volonté du Créateur, de Dieu. A force de tourner, ils se refroidissent et font des soleils obscurs d'abord (la Genèse nous apprend que la lumière a été créée avant le soleil). Enfin la condensation de la lumière éclaire la planète centrale.

La terre, quoiqu'ayant une masse 324,479 fois moindre que le soleil, serait plus vieille que le soleil, par la raison qu'elle est refroidie plus vite : drôle de logique. Tout cela pour faire accorder la Bible avec la science malgré les contradictions.

Ou pour mieux dire, l'erreur avec la vérité.

M. Faye ne nous explique pas comment se font les

planètes, les comètes, les bolides, les étoiles filantes, les aérolithes. Il admet la volonté de Dieu pour expliquer les choses ; il n'est pas nécessaire d'être bien savant pour nous en apprendre aussi peu.

Ce savant n'admet pas l'unité de la matière, puisqu'il dit que tous les éléments chimiques existent pêle-mêle dans le chaos.

Il n'admet pas non plus *la conservation de l'énergie*, puisqu'il suppose que la chaleur se dissipe peu à peu, et que nous mourrons tous de froid. Brou ! brou ! j'en frissonne. Tout périra, il n'y aura que les œuvres de l'intelligence qui survivront, probablement les siennes, pour qui ?

Pauvre catholique hérétique, pauvre philosophe, pauvre savant ignorant, qui ne croit même pas à l'éternité de tout ce qui existe, et peut-être pas à l'infini de l'espace.

Quant à M. Hirn, il est partisan du système de Laplace. Ses calculs, d'accord avec le bon sens, prouvent que les planètes tomberaient sur le soleil s'il n'y avait une matière subtile ou raréfiée quelle qu'elle soit entre eux. Alors nous serions tous brûlés.

M. Hirn, qui est bon, pour éviter ce malheur épouvantable, a inventé un élément dynamique, qui est le vide sans être le vide, qui n'est pas matériel mais qui est quelque chose qui nous met en relation avec l'univers visible pour nous transmettre la lumière et la chaleur. Cette idée lumineuse me paraît bien obscure.

Comme je n'ai pas l'habitude de faire de la critique sans proposer quelque chose qui me paraisse mieux, je vais donner sommairement une nouvelle théorie de l'origine de notre monde solaire et de sa fin ; elle doit être la même pour tous les mondes de l'univers, qui lui, a existé et existera toujours dans l'infini de l'espace et du temps.

Tout naît, meurt, se renouvelle, se détruit, excepté l'éternel univers. Il est composé d'une quantité infinie d'une unique matière, formée d'atomes excessivement petits, sphériques, durs, insécables, inusables, immortels, qui se meuvent dans l'espace infini avec une vitesse excessive. L'espace n'est donc pas plein, mais il n'existe pas de vide sensible par la vitesse de mouvement de ces presqu'infiniment petits atomes.

La matière est unique et éternelle. Sous quelque forme qu'elle soit, elle conserve sa puissance, qu'elle soit en mouvement ou que ses forces se fassent équilibre. Les atomes, dans les espaces raréfiés, se meuvent naturellement en ligne droite, dans le sens qui leur convient (ils sont donc vivants, puisqu'ils ont force et volonté). Lorsqu'ils se rencontrent dans leurs évolutions, ils se meuvent en lignes courbes, d'autant plus petites que les chocs sont moins près des tangentes. C'est l'origine de la mémoire.

Lorsque deux atomes viennent directement l'un vers l'autre, ces deux forces vives se neutralisent en apparence seulement, car elles se transforment en force de cohésion. Je nomme les atomes primitifs de la matière universelle : du protogène. Lorsque ces atomes se combinent par deux, je nomme ce composé : éther universel. Lorsque les atomes se combinent en plus

grand nombre, cela forme ce que l'on nomme les éléments solides, liquides ou gazeux : or, argent, cuivre,
plomb, fer, phosphore, soufre, brôme, iode, chlore,
azote, oxygène, hydrogène, etc., etc. Les atomes combinés entre eux, en n'importe quelles proportions, sont
alors des molécules.

L'expansion de l'éther universel et des gaz et
vapeurs se produit par les mouvements du protogène.
Lorsque dans les espaces où le protogène est raréfié,
ainsi que le premier degré de sa combinaison, l'éther,
il y a de nouvelles rencontres de molécules et d'atomes
qui se neutralisent, il se forme un vide dans lequel
se précipitent immédiatement d'autres atomes et molécules : alors il commence à se faire un corps solide,
un centre d'attraction apparente ou plutôt de concentration.

On voit alors d'ici la cause de l'expansion et la
cause de la conjonction dite : attraction universelle,
que Newton lui-même n'admettait que comme un fait
sans cause connue. Une partie des atomes et des molécules qui se sont précipités sur ce centre de concentration y restent, de même que les projectiles qui
tombent sur la terre. Ce centre de force attirante doit
avoir toujours ou presque toujours un mouvement de rotation, le choc des atomes et des molécules ne pouvant
guère se faire également en tout sens.

Nous avons donc déjà l'aperçu de la formation d'une
petite planète, qui n'est dans l'origine qu'un aérolithe
ou une étoile filante, mais qui deviendrait un bolide,
un astéroïde, une comète, une planète, ou même un

soleil, si un autre centre de force concentrative ne l'entraîne pas sur lui, pour augmenter sa masse.

L'attraction universelle n'est qu'un effet de concentration par la moindre quantité de force expansive qui se trouve entre deux corps solides, qui est plus grande sur les côtés opposés. C'est donc une pression différentielle qui produit la gravitation dite attraction.

Les causes de la formation des univers sont donc l'expansion et la concentration par le mécanisme naturel et universel que j'ai indiqué.

L'éther universel est le fluide principal qui relie les astres entre eux par ses vibrations. C'est ce que l'on nomme la chaleur, la lumière, l'électricité, lorsqu'il est en vibration.

La densité de l'éther augmente à mesure qu'il se rapproche des astres, et elle augmente d'autant plus que la masse est plus considérable. Cette densité augmente assez pour qu'il se combine avec lui-même et forme des gaz. Aussi les astres les plus gros, les plus pesants, sont ceux qui ont des atmosphères d'une plus grande épaisseur. Dans notre système, c'est le soleil qui aurait une atmosphère plus de 324 mille fois plus pesante que la nôtre, et la lune 99 fois moins ; c'est sans doute pour cela qu'on ne peut guère observer cette dernière.

La lumière des comètes doit provenir de leur mouvement rapide qui produit un sillage et une vibration dans l'éther.

Quant à celle du soleil, c'est la masse de matière solide, gazeuse et éthérée qui, se projetant sur le soleil par le vide produit par les combinaisons qui se forment, dégagent de la lumière et de la chaleur solaire, parce qu'une grande partie des corps, ne pouvant se combiner, sont repoussés lorsqu'ils tombent dans la photosphère et produisent une vibration qui s'étend jusqu'aux étoiles.

On remarque cette répulsion lorsque les comètes passent près du soleil, les queues ou sillage de ces astres étant repoussés par lui. Cette répulsion doit diminuer la force attractive ou concentrative du soleil, qui alors, ne doit pas être la même partout.

Le soleil ayant une masse plus de mille fois plus grande que Jupiter ; 324, 479 fois plus grande que celle de la terre ; 2, 171, 353 fois supérieur à celle de Mercure, doit certainement les entraîner dans ses mouvements de rotation. Ce qui semblerait le prouver, c'est que les planètes les plus près sont celles qui se meuvent le plus rapidement dans leur orbite ; il se produit donc un mouvement de l'éther qui entraîne les planètes autour du soleil. On pourra m'objecter que Mercure tourne plus vite autour du soleil que la rotation de la photosphère solaire, mais la résistance de cette amosphère doit être bien plus grande que celle du petit Mercure et le maximum d'effet mécanique du soleil est peut-être loin de sa photosphère. La cause que les planètes ne se meuvent pas dans un cercle parfait, c'est que l'attraction apparente n'est pas tout à fait selon les principes de Newton, elle est comparativement moins forte près du soleil que loin. Il s'ensuit que lorsqu'une planète s'approche un peu plus du soleil, sa vitesse

acquise augmente plus que l'attraction, alors elle s'é-
loigne. Lorsqu'elle est un peu plus éloignée, son
attraction n'a pas diminué autant que sa vitesse acquise,
alors elle retombe un peu vers le soleil.

Le tourbillon qui fixe les planètes autour du soleil
entraîne aussi des comètes dans ce milieu ; il y a beaucoup de rétrogrades parce qu'elles n'ont pas été for-
mées dans les limites de notre monde planétaire et que
leur vitesse est plus grande que celle du tourbillon
d'éther.

J'ai prouvé par plusieurs expériences précises que
cet éther est la même chose que le calorique de combinaison, et qu'étant combiné, il avait un poids très
appréciable. Cet éther, selon ses longueurs d'ondes,
est tour à tour calorique, lumière, électricité ; alors non
combiné il n'a aucun poids, puisque, tout matériel qu'il
est, il produit la pesanteur.

Les mondes, comme notre système solaire, doivent
se former là où la matière est plus condensée par des
rencontres fortuites plus nombreuses qui annulent la
force vive du Protogène. Ils sont très longs à se former, ils se détruisent peu à peu lorsque ces systèmes
sont entraînés dans des parties de l'univers plus raré-
fiées. Dans ces endroits, les atmosphères sont dissoutes
dans les espaces célestes. Il se reforme d'autres atmosphères provenant du sol qui s'échappent à leur tour ;
cela peut durer des millions d'années pour avoir une
fin, de même que cela a duré plus ou moins pour la
période d'accroissement.

La vie ne tient pas positivement à des organismes spéciaux comme les nôtres, puisqu'elle préexiste dans les atomes de la matière non organisée. Donc il est probable que toutes les planètes et même les astéroïdes ont leurs êtres vivants spéciaux. La partie solide du soleil lui-même peut contenir des êtres vivants. Les planètes comme Neptune, si éloignées du soleil, tournent très vite sur elles-mêmes et sont transportées bien moins rapidement que la terre dans l'espace, conservent peut-être bien mieux la chaleur, qui doit se produire dans leur intérieur par la force centrifuge et la force attractive qui agissent près de la surface.

Quoi qu'il en soit de ces suppositions, il me semble très logique que les atomes, ayant force, volonté, mémoire, peuvent former des êtres vivants, sans germes, partout lorsqu'il existe des matériaux pour la continuation de leur existence. Ces conditions de la vie ne sont peut-être pas du tout celles organiques de la nôtre. Sur la terre il a bien fallu une origine des êtres à peine organisés qui étaient sans germes.

Peu à peu, par l'influence du milieu, les plantes et les animaux ont formé des espèces d'une certaine fixité, qu'il nous est difficile de modifier, n'ayant pas les conditions naturelles des raisons d'être de ces transformations ou modifications.

Si des savants illustres comme Descartes, Newton, Buffon, Laplace, Faye, Hirn et autres, paraissent s'être trompés dans leurs systèmes pour expliquer l'origine du monde solaire ni des autres, c'est qu'ils ont vu les choses de trop haut. Pour faire une bonne synthèse, il faut partir du simple pour aller au composé. Je crois y avoir réussi.

DELAURIER.

Membre de la société d'encouragement, de la société chimique de France, des sociétés de physique, des amis des sciences, de la société protectrice des citoyens, etc.

CHIMIE

REMARQUES SUR CERTAINES THÉORIES CHIMIQUES

PAR

Émile DELAURIER

Juin 1890

REMARQUES

SUR CERTAINES THÉORIES CHIMIQUES

Par Émile DELAURIER

Les théories chimiques, même les plus imparfaites, ont leur raison d'être en ce qu'elles servent à guider le praticien et le chercheur en reliant, entre eux, des phénomènes connus à ceux analogues qui ne le sont pas encore, et que l'on trouve par comparaison. Il n'en est pas moins vrai qu'il est important de découvrir la meilleure théorie; même les plus imparfaites et contradictoires des autres ont servi et servent encore à faire des découvertes dans des voies différentes.

Ainsi la théorie du *phlogistique* de Stahl, qui paraît si ridicule actuellement, a fait faire de très grands progrès à la Chimie, peu brillants peut-être, mais qui ont été les précurseurs naturels des grandes découvertes du commencement de notre siècle et de la fin du xviiie. Cette théorie, tout en étant en désaccord avec les expériences de Lavoisier, était bien plus dans le vrai et bien plus généralisatrice que celle de ce chimiste célèbre qui remplaçait le phlogistique par l'oxygène. Il est évident que si Stahl avait connu l'oxygène et les expériences sur le poids des corps oxydés et désoxydés ses idées sur le phénomène de la combustion et sur les causes de la diminution du poids des oxydes auxquels on ajoutait du phlogistique (calorique latent) eussent été considérablement modifiées.

Tout en ne pouvant plus admettre actuellement que l'oxygène soit le seul agent des actions chimiques, comme le croyait Lavoisier, les chimistes de notre époque pourraient me dire : « Mais c'est de la folie que « de vouloir faire revivre la théorie du phlogistique « même sous le nom de *calorique latent*, puisque nous « n'admettons pas plus l'un que l'autre. » C'est un tort. Quoique je n'ai pas encore pu prouver qu'un oxyde décomposé par la chaleur pèse plus dans ses deux éléments qu'à l'état d'oxyde, j'ai la certitude que de plus habiles, ou de mieux outillés que moi, y arriveront, quoique le poids de l'éther ou calorique latent soit assez faible.

J'ai déjà obtenu l'action inverse, c'est-à-dire la diminution du poids de deux éléments chimiques ou de deux composés qui se combinent entre eux en produisant de la chaleur qui se perd. Comme quelquefois ces expériences peuvent produire des explosions, j'ai indiqué des moyens d'en préserver les opérateurs.

Si on veut bien s'en rapporter aux nombreuses expériences que j'ai faites à ce sujet, et que j'ai publiées, on peut donc dire que, si la théorie du phlogistique est une erreur matérielle, elle se rapproche plus de la vérité que celle de Lavoisier, quoiqu'elle ne tienne pas compte du poids des gaz dégagés dans la désoxydation et la décomposition de plusieurs composés chimiques. Lavoisier lui-même a, pendant quelque temps, adopté le calorique latent comme cause des actions chimiques : c'était encore l'éternel phlogistique sous un autre nom.

De l'unité de la matière je pars pour me guider dans mes critiques et dans les principes théoriques à adopter. J'ai nommé l'atome élémentaire *protogène*. C'est l'origine de tous les corps inorganiques bruts et des êtres organisés vivants, car l'atome lui-même a une vitalité éternelle. Il est à la fois force, matière et intelligence. Les générations dites spontanées ne sont que des modifications de l'atome primitif. La vie préexiste. Donc il n'y a pas de génération spontanée proprement dite, quoique des êtres organisés vivants prennent naissance sans cause apparente, ce qui paraîtrait contraire au grand principe : « Rien ne se perd ni ne se crée dans la Nature. » Une vitalité ne peut donc naître tout-à-coup sans origine.

Les atomes du Protogène sont en nombre incommensurable ou infini, puisqu'ils composent l'Univers infini et éternel. Ces atomes sont tous aussi petits l'un que l'autre, sphériques, solides, insécables, inusables, éternels et toujours en mouvement lorsqu'ils sont isolés. Lorsque deux de ces atomes marchent l'un vers l'autre, les deux forces étant égales et contraires, il y a donc neutralisation complète de la force vive et formation d'un composé binaire ayant alors un repos relatif ou forcé ou, du moins, ce composé a perdu, momentané-

mént pour un temps plus ou moins long, l'individualité
de chacun de ses atomes, c'est-à-dire force et intelligence. Il ne reste donc plus que la matière soumise aux
fluctuations des atomes libres ou *Protogène*.

La force de chaque atome, en se neutralisant, est donc
transformée en force de combinaison ou de cohésion,
jusqu'à ce que d'autres atomes ou d'autres composés,
venant à les prendre en travers, en opèrent la disjonc-
tion.

Dans les espaces célestes il se forme à chaque instant
des combinaisons éphémères et durables et, alors des
combinaisons et décompositions sur une petite ou
grande échelle.

Tous les atomes doubles par combinaison sont le
premier degré de la matière (Elle n'est encore pondérable qu'en se combinant à d'autres corps). Je l'ai
nommée *éther*. Celui-ci est tantôt calorique latent,
électricité dissimulée, phosphorescence et, par vibration, chaleur rayonnante, électricité dynamique et
lumière.

Lorsque plusieurs atomes se dirigent, par hasard,
ou par leur propre volonté, vers le même but, alors
les combinaisons ne sont plus seulement binaires : les
atomes se combinent de plus en plus pour faire d'abord
des éléments chimiques, des étoiles filantes, des bolides,
des astéroïdes ; des globes plus ou moins gros que le
nôtre et, enfin, des soleils.

Ainsi, à mon point de vue, tous les corps de la
nature sont formés d'une matière unique, qui est d'abord
l'infiniment petit atome primitif, matière, force et intel-

ligence, jusqu'aux plus grands astres de la nature. Tout est formé de ce petit atome éternel qui se meut partout dans l'espace infini.

La vie est produite par des composés chimiques, formés d'un petit nombre d'atomes chimiques, mais d'un grand nombre de ces atomes composés réunis d'une manière instable et, alors, très sensibles aux influences extérieures : ce qui met en rapport plus grand la matière interne avec les matières externes, les vibrations et les influences extérieures.

La grande sensibilité des êtres organisés est un signe de leur vitalité, mais l'excès de sensibilité tend à détruire les êtres organisés. C'est pourquoi les expériences d'hypnotisme et les excès d'action nerveuse et d'entraînement, même sympatique, sont dangereux pour les natures trop impressionnables.

Les éléments chimiques, que nous ne pouvons décomposer, sont des agrégations des atomes élémentaires que nous devons nommer *atomes chimiques,* ou atomes composés, pour ne pas changer les noms adoptés, à tort, pour les chimistes, et réserver alors le nom de *molécules* aux composés de ces composés, mais que nous pouvons presque toujours modifier à volonté.

La gravitation universelle est un fait réel que l'expérience confirme. Mais attribuer cette action à des corps qui s'attirent réellement sans cause, c'est croire une absurdité des plus grandes. Newton ne l'avait pas admise, tout en ne connaissant pas la cause de la gravitation universelle dont il avait déterminé les lois. Ses admirateurs, aussi impuissants que lui à découvrir la cause de la gravitation, ont admis une attraction universelle des corps l'un par l'autre, sans se préoccuper d'autre chose que du fait brutal apparent. Ce n'est cependant pas plus vrai que le soleil tournant autour de la terre.

C'est le protogène qui, agissant sur l'éther, le met en mouvement en tous sens. Ce mouvement repousse de tous côtés les corps déjà combinés et les projette les uns sur les autres, puisque le mouvement de l'éther est moindre entre les corps qui sont les plus rapprochés qu'entre ceux qui sont les plus éloignés. C'est donc la pression différentielle que la masse, plus grande d'un côté que de l'autre, exerce sur les corps pondérables qui fait graviter les corps l'un vers l'autre et avec d'autant plus de puissance alors qu'ils sont plus près l'un de l'autre, puisqu'il y a moins d'éther en vibration entre eux pour les empêcher de se réunir.

L'éther, étant en vibration plus forte près du soleil, par suite de son excès, repousse d'une manière très visible les comètes. L'effet est naturellement bien moindre par la chaleur naturelle des planètes, même les plus grosses, mais ce doit être cette faible action qui les empêche de tomber l'une sur l'autre et, surtout, sur le soleil ; car l'éther offre une résistance à la translation des planètes, et ce doit être le fait peu remarqué de la répulsion qui contrebalance la perte subie et calculée par Laplace, Hirn, Faye, etc., ce qui leur a fait repousser la théorie de l'éther admise par tous les physiciens.

Plus les masses sont grandes, étant supposées en repos relatif, c'est-à-dire entraînées dans un mouvement égal, plus la pression différentielle a de puissance, mais la vitesse de la chute est la même que pour les corps d'un moindre poids.

L'affinité chimique est due à un effet du même genre, mais elle ne s'exerce qu'au contact de deux corps de natures différentes, parce que c'est là seulement que le déplacement de l'éther, ou d'un gaz combiné, peut s'effectuer, puisque la gravitation peut se faire à distance, mais non le mélange ou juxtaposition des corps simples ou composés qui se combinent entre eux.

L'affinité chimique est analogue à la cohésion, sauf que la cohésion agit sur un corps simple ou composé, mais non sur deux ou plusieurs capables de s'unir ensemble.

C'est donc une affaire de contact amenée ou non par la gravitation à distance. Il y a des corps qui, peu à peu, acquièrent de la cohésion par pression, par fusion, et d'autres qui produisent des actions chimiques par la même cause que celle qui produit la cohésion. Ce sont surtout les corps qui contiennent le plus de calorique latent, ou éther, qui se combinent le plus facilement entre eux et donnent le plus de chaleur.

Les vapeurs et les gaz ne semblent pas suivre la même loi que les liquides et, surtout, les solides. Aucune explication valable n'a été donnée de cette anomalie; elle est cependant assez simple. Tous les gaz ayant une certaine permanence sur notre globe sont composés d'atomes chimiques d'un poids moindre que tous les atomes des autres éléments chimiques. Il s'ensuit que l'éther, tout en tenant notre atmosphère près du globe terrestre par une pression, vibre avec plus de force lorsqu'il approche de la terre. Alors il écarte les atomes de l'air les uns des autres et les empêche de se liquéfier ou de se solidifier, sans pour cela que la densité ne soit pas supérieure à celle des couches plus hautes.

Le mouvement des atomes de l'éther en tous sens, sa vibration plus ou moins forte continuelle agit donc de deux manières sur les gaz et vapeurs : il les pousse sur la terre et il leur donne une force répulsive très grande,

On a voulu peser la chaleur rayonnante. C'est comme si on avait voulu peser le bruit, la vibration de l'air, au lieu de peser l'air lui-même à l'état libre ou, mieux encore, à l'état de combinaison. Comme je n'ai pu coercer le calorique ou éther, je l'ai pesé par différence lorsqu'il s'est échappé de plusieurs combinaisons chimiques.

Ma théorie, tout en se liant à toutes celles connues, leur est bien supérieure; car elle peut expliquer pourquoi elles ont toutes eu un certain succès. La théorie du phlogistique, celle de l'oxygène, principe comburant et acidifiant, les théories chimique, électro-chimique, cinétique, thermique, des substitutions, etc., ont des lacunes qui ne peuvent s'expliquer que par une théorie plus générale et plus vraie. Aucune théorie antérieure à la mienne ne peut nous expliquer ce que c'est que l'*affinité* et pourquoi elle se produit, ni pourquoi des corps se combinent difficilement, d'autres avec explosion ; pourquoi certains corps sont fixes et d'autres instables, etc., etc.

Quoique les éléments chimiques se combinent fortement entre eux, en proportions définies et bien saturés entre eux, cela n'empêche pas l'action des masses qui produit une nouvelle attractivité. Le sulfure de zinc (blende) est composé de 1 atome de zinc et de 1 atome de soufre. Cela n'empêche pas que l'on peut, avec un excès d'oxygène, le transformer en sulfate de zinc qui, à son tour, a beaucoup d'action sur une foule de composés organiques et de microbes. C'est un antiseptique des plus énergiques.

La Chimie atomique fait partie de ma théorie; elle est fondée sur des expériences précises, mais cela n'empêche pas que l'influence des masses n'est pas à rejeter parce qu'alors il se forme de nouvelles combinaisons.

La théorie chimique de Berzélius, qui est à peu près abandonnée maintenant, est cependant bien supérieure à la théorie des substitutions de Dumas. Si celle de Berzélius, bien plus exacte que celle de Dumas et bien plus générale, n'a pas rendu compte de certains faits, — comme la substitution d'une molécule de chlore à une molécule d'hydrogène, — c'est que ni Berzélius ni Dumas ne se sont pas rendu compte que le fait principal était la combinaison d'un égal volume de chlore et d'hydrogène, tandis que la molécule organique, à l'état de repos relatif, suivait les lois de l'inertie de la matière. La molécule organique étant dans un excès de chlore, le remplacement d'un atome d'hydrogène était tout naturel, même dans la théorie électro-chimique, sans que l'on ait fait autant de bruit pour un fait aussi naturel.

Si la théorie de Berzélius n'était pas infaillible, celle

de Dumas l'était encore bien moins et, de plus, elle n'explique rien puisqu'elle ne dit pas la cause de l'effet produit.

Le fait de la neutralisation des propriétés d'un atome de chlore s'explique très bien par cette molécule isolée au milieu d'un certain nombre d'atomes de carbone, d'hydrogène et d'oxygène. Mais aussi, lorsque tout l'hydrogène est éliminé dans ces combinaisons, le chlore reprend d'autant plus ses propriétés qu'il domine dans le composé organique. Il est donc faux de dire que le chlore joue le rôle de l'hydrogène et que la théorie électro-chimique est fausse, et d'en conclure que c'est plutôt la forme des corps que la nature des éléments chimiques qui donne les propriétés diverses des composés. Il est évident que la forme de l'agrégation moléculaire a de l'importance dans les composés organiques formés d'un grand nombre d'atomes, puisque nous voyons plusieurs composés organiques formés par la même composition qui ont des propriétés différentes. Il est probable qu'alors les propriétés actives tiennent des éléments chimiques énergiques mal englobés dans les autres peu actifs. Ces discussions n'ont pas été perdues pour la science : elles ont amené à faire des recherches dans une nouvelle voie très féconde, mais peut-être trop. Car, de même que le but de l'Astronomie n'est pas de découvrir des étoiles et de compter les étoiles filantes, de même le but de la chimie n'est pas de trouver autant de composés qu'il y a de grains de sable dans le désert et dont la plupart ne sont pas utiles.

La science chimique a des problèmes scientifiques et des applications autrement importantes à élucider. Dumas et Liebig ont été très partisans de la théorie des radicaux dont la plupart sont impossibles à isoler. L'exemple du cyanogène les a séduits, aussi tous les carbures d'hydrogène sont devenus pour eux des radicaux. Seulement ils n'ont jamais pu trouver le radical sulfurique SO^4, ni le radical azotique AZO^6, ni le radical carbonique, etc. Mais on pourrait dire que l'acide sulfurique anhydre SO^3 est le radical des sulfites et l'acide azotique anhydre AZO^5 est le radical des azotites. Tout cela serait jouer sur les mots et peu sérieux, puisque, pour des milliers de sels et autres composés, le radical se détruit en même temps que l'on décompose le corps qui devrait le fournir.

La théorie des types de Gerhardt a ensuite séduit M. Dumas, et il l'a même exagérée d'une manière insensée en comparant les molécules organiques à des systèmes planétaires. Les actions des éléments chimiques seraient alors comme des planètes tournant autour d'un centre. Quelle serait alors la nature de l'atome central?

Les actions chimiques figurées par des schémas peuvent être utiles pour les chercheurs, mais elles ont l'inconvénient de faire croire à la réalité des positions des atomes dans les molécules composées, telles qu'elles sont indiquées, et de ne voir qu'une manière d'obtenir des résultats d'après les caprices du maître qui adopte telle ou telle figure selon sa petite manière de voir.

J'aurais encore quelques observations à faire sur la *valence*, qui est souvent variable suivant les circonstances, mais je m'arrête pour le moment.

DELAURIER.

OBSERVATIONS

SUR LES

THÉORIES & EXPÉRIENCES

DE

M. PASTEUR

Décembre 1800

OBSERVATIONS

SUR LES THÉORIES ET EXPÉRIENCES

De M. PASTEUR

On n'arrive à résoudre les questions importantes et difficiles qu'en les étudiant et les reprenant sans cesse, et en faisant, à mesure, les rectifications que suggèrent les faits nouveaux. C'est pourquoi nous allons analyser les travaux de M. Pasteur, pour juger de ces découvertes.

Il s'est d'abord occupé de la fermentation et, adoptant les idées de Cagnard-Latour, il a reconnu, après celui-ci, dans la levûre de bière, la présence d'un organisme végétal vivant.

Il est évident que la levûre de bière, mise dans un liquide fermentescible, doit se reproduire comme le fait tout être vivant, qui se multiplie dès que le milieu lui est convenable. Seulement, conclure de ce fait incontestable, que la levûre de bière produit la fermentation parce que les organismes qu'elle contient mangent le sucre, c'est une erreur. Si la levûre mangeait du sucre, ou mieux, de la glucose, elle aurait bien plus d'appétit au commencement de la fermentation, puisqu'elle serait à jeûn et, de même que tous les êtres vivants, elle mangerait d'autant plus que la température serait moins élevée. Il n'en est rien. La levûre agit ici comme les agents chimiques ; par exemple, comme un morceau de zinc que l'on plonge dans de l'eau contenant de l'acide sulfurique. L'action est faible d'abord, puis elle augmente peu à peu, jusqu'à ce que la diminution de l'acide ou du métal soit assez grande pour que l'action chimique s'affaiblisse. Comme une température au-dessus de 50 degrés tue la levûre, l'action de celle-ci n'est pas tout à fait comparable à une action chimique, qui augmente avec l'élévation de température. Mais ceci est une considération à part qui n'infirme en rien la conclusion que la levûre de bière ne mange pas le sucre, et produit une action tout à fait comparable à une action chimique.

On me demandera alors : A quoi attribuez-vous la fermentation des matières sucrées par la levûre de bière, puisque vous admettez que c'est un composé d'organismes vivants qui, au lieu de périr, augmente en nombre lorsque les conditions lui sont favorables.

Voici ma réponse :

Le végétal levûre (microphyte), est instable ; il se décompose en partie dans le liquide, et c'est cette décomposition qui entraîne celle du sucre. Si, dans le liquide, il n'y a que du sucre, la levûre se détruit complétement. Ceci est une preuve convaincante que la levûre ne se nourrit pas de sucre. Si, au contraire, comme dans la fabrication de la bière, il y a tous les sels et autres éléments nécessaires pour faire végéter la levûre, celle-ci, tout en diminuant, d'une part, par sa décomposition, augmente plus, d'une autre, en végétant.

La preuve de ce que j'avance ici, c'est que la levûre de bière n'est pas le seul ferment qui produise la décomposition du sucre, ou d'autres produits d'origine organique. Il y a plusieurs ferments liquides qui agissent de même. Ce ne sont donc pas ici des actions physiologiques, ce ne sont donc pas des êtres vivants qui mangent. Il est de toute évidence que ce sont des corps instables qui, par l'inertie de la matière, transportent leur mouvement intime sur d'autres corps, comme certaines actions en déterminent d'autres : par exemple la combustion du soufre entraîne celle du bois, etc., etc.

L'explication est donc la plus simple du monde en suivant logiquement toutes les expériences qui ont été faites depuis des siècles dans la Science et dans l'Industrie, et que j'ai renouvelées moi-même. Je conclus que les idées de M. Pasteur sur la fermentation sont tout à fait inadmissibles. Si la fermentation était due à des actions physiologiques, il serait impossible d'expliquer l'action des ferments liquides. Si, au contraire, comme j'en suis certain, la fermentation est la conséquence d'une action chimique antérieure, il est naturel de penser que c'est la décomposition de la levûre qui produit la fermentation : ce qui ne l'empêche pas de se régénérer en plus grande abondance dans des milieux favorables.

La fermentation acétique est dans le même cas que la fermentation alcoolique. Ce ne sont certes pas des

3.

micro-organismes qui produisent l'acétification. Ces végétaux nommés *micoderma-aceti* par Person, en 1822, existent dans la mère du vinaigre, et se produisent en même temps que le vinaigre, parce que la matière protéïque, très oxydable, transmet presque tout son oxygène au mélange d'alcool et d'eau. Ici, ce n'est pas la décomposition du ferment, comme dans le cas de la levûre de bière, qui produit la décomposition ou le dédoublement de la glucose : c'est l'oxydation de la mère du vinaigre, qui entraîne l'oxydation de l'alcool.

La formation des *micoderma-aceti* et peut-être des anguillules du vinaigre par la matière protéïque, n'est pas pour cela une génération spontanée, mais un exemple sérieux de transformisme et de passage de la matière organique inanimée à l'état vivant.

Les études de M. Pasteur sur la fermentation acétique devaient révolutionner la fabrication du vinaigre mais, de même que celles sur la fermentation de la bière, cela n'a eu que peu de succès. Il y a de meilleurs procédés de fabrication que les siens. Il en est de même du chauffage du vin, qu'il n'a pas imaginé, mais qu'il a préconisé et qui ne produit pas de bien bons résultats. Si le vin chauffé se conserve un peu mieux, c'est en coagulant les matières azotées qu'il contient ou en les décomposant.

Quant à la question des générations spontanées, qu'il a tranchée dans le sens qui pouvait plaire à la science clérico-officielle de l'Empire, il ne semble triompher que par la mort de ses adversaires. Il s'est proclamé vainqueur, mais ceux qui, depuis, ont étudié les expériences de Pouchet et autres, ne pensent guère à lui donner raison.

Il est évident qu'il ne peut exister de génération spontanée d'êtres vivants si la vie ne préexiste pas. Mais j'ai démontré que l'atome élémentaire est vivant ; alors la génération d'un être vivant est non seulement possible, mais elle se fait constamment sous nos yeux. L'accroissement d'un animalcule spermatique, sa transformation en animal, c'est justement une génération qui se produit, bien plus extraordinaire que la formation d'un microbe avec une matière organique inerte. Ne voyons-nous pas tous les jours, d'ailleurs, ce phénomène de l'éclosion d'un animal venant d'un œuf sans vitalité apparente ?

Qu'est-ce qui nous prouve que les fameux germes que M. Pasteur met partout sont ceux justement qui doivent produire la génération des êtres qui se produisent toujours dans certains composés, dans certaines conditions ? N'est-ce pas plutôt des particules de matière, en décomposition dans l'eau ou dans l'air, qui agissent sur les êtres vivants ou sur des corps d'origine organique et qui, en les décomposant, font naître des champignons ou des êtres animés microscopiques en disjoignant les éléments anatomiques et isolant les cellules qui se rejoignent sous une autre forme animale ou végétale ? La cellule n'est-elle pas la base de tous les êtres organisés végétaux ou animaux ?

Il se fait tous les jours, à chaque instant, des générations d'êtres vivants, de même qu'il s'en est formé à l'origine de la constitution du globe terrestre, origine qui va du simple au composé (qui n'est pas celle d'une nébuleuse qui a une température élevée, on ne sait pourquoi, et qui vient on ne sait d'où).

D'abord quelques atomes qui forment des molécules, qui se réunissent et font de petites agglomérations, ce qui produit des vides autour et, peu à peu des globes comme la terre lorsque les courants de l'éther convergent vers un même but justement par la neutralisation de force qui fait un vide autour de l'astre qui s'est formé.

Il a bien fallu une génération des êtres à l'origine du monde et un peu plus encore à mesure que le globe prenait de la croissance. Les idées de M. Pasteur sur l'origine des êtres sont antiphilosophiques, et ses expériences ne prouvent rien du tout, puisqu'elles sont réfutables par le simple raisonnement, en admettant même qu'elles soient d'une exactitude parfaite, ce qui n'est pas le moins du monde établi, malgré ses démonstrations devant un public mondain.

Les maladies des vers à soie sont produites, dit-il, par des microbes. Qui nous prouve que ce n'est pas la maladie qui produit les microbes ?

En supposant même, d'après sa manière de voir, que les microbes soient venus des germes répandus dans l'air, s'ils n'avaient pas trouvé un milieu favorable, ils ne se seraient pas développés, et ils n'auraient pas progressé.

Les expériences furent commencées en 1865. Les résultats meilleurs que l'on obtient, actuellement pour l'élevage des vers à soie sont dus à plusieurs sériculteurs. M. Pasteur s'en est attribué le mérite. Je le veux bien, mais cela a été fortement contesté. Il y a M. Jean, modeste sériculteur, qui a fait faire plus de progrès que lui.

Raspail avait supposé que la plupart des maladies, surtout celles contagieuses, viennent d'animaux microscopiques. Pasteur, s'emparant de cette idée, presque toujours erronée, l'a fait revivre sans jamais parler de Raspail.

Comme la fermentation par la levûre de bière se fait avec la présence de champignons microscopiques, il en a conclu que Raspail était dans la vérité ; et cependant nous savons qu'il y a une foule de ferments qui ne sont pas organisés. Pourquoi n'en serait-il pas de même des venins, des miasmes, des virus? C'est ce que ce savant ne s'est pas demandé en s'obstinant à marcher dans une voie intéressante, mais généralement fausse au point de vue médical.

Certes, on ne peut pas nier que des parasites vivent à nos dépens. Davaine a bien étudié ces maladies après Raspail, mais ces parasites ne donnent jamais de maladies foudroyantes, surtout lorsque les germes sont microscopiques.

Les actions chimiques ont une autre énergie que les actions physiologiques par de petits êtres vivants. Les désorganisations qui produisent des maladies sont plus lentes par l'action des parasites que par celles des liquides virulents.

Davaine avait découvert le microbe du charbon. M. Pasteur étudie ce microbe et se persuade que, en inoculant le même microbe atténué, il préserve de la maladie les bestiaux, les chevaux, etc.. Il en a fait de même pour le choléra des poules et pour la clavelée du mouton. Dans cet ordre d'idées, il a eu plus de revers que de succès, car ces vaccins ne sont que des inoculations de maladies, procédé bien plus dangereux qu'efficace et connu depuis des siècles. M. Pasteur ne l'a donc pas inventé. Du reste, beaucoup de maladies frappent plusieurs fois le même individu. Donc, sa vaccine aurait peu d'utilité, et surtout l'inoculation. Comment un microbe, d'une nature invariable, d'après les idées de M. Pasteur, pourrait-il fournir un virus atténué? C'est donc le virus lui-même, qui n'a plus sa même virulence, et non l'insecte ou le champignon microscopique.

Pour la plupart de ces maladies, c'est la malpropreté qui en est la cause; c'est la décomposition des animaux morts et non enterrés qui produit une foule de maladies.

Quoique M. Pasteur dise que c'est une hérésie scientifiques d'admettre que les microbes sont les résultats et non la cause des maladies, je trouve qu'il est lui-même dans l'erreur la plus grande en persistant dans cette opinion insoutenable, surtout depuis la découverte des *ptomaïnes* et des *leucomaïnes*.

Si les microbes étaient cause des maladies, le même microbe ne pourrait devenir inoffensif, étant cultivé dans certains milieux. De même, sa puissance virulente ne pourrait être atténuée, puisqu'il resterait toujours de la même nature; car M. Pasteur n'est pas du tout transformiste. Ce savant manque ici complétement de logique. D'ailleurs, une action aussi rapide et même foudroyante que celle de certaines maladies contagieuses ne peut se produire que par des actions chimiques.

Les vaccins de M. Pasteur ne sont pas des vaccins ; ce sont des virus atténués. Ceux-ci ne peuvent être des microbes, car il faudrait que ces microbes changeassent de nature, ce qui est tout à fait contraire à ses idées de germes de toutes espèces qui existent partout, excepté dans les très hautes régions de l'air.

L'inoculation d'une maladie par l'injection d'un virus sur un sujet bien portant produit souvent une maladie bien plus anodine que celle qui est due à la contagion par l'air, l'eau ou le contact. Et, chose singulière, il y a certaines maladies, comme la variole, qui ne se renouvellent pas sur le même sujet, au moins pendant un très longtemps, lors même que la maladie naturelle ou inoculée est des plus bénignes chez le sujet qui en est atteint.

Le vaccin, qui est l'inoculation d'un virus, produit une très faible maladie, analogue à la variole (petite vérole), et empêche les personnes vaccinées d'être atteintes par cette maladie ou, du moins, de ne plus l'être pendant bien des années.

M. Pasteur dit qu'il a découvert une foule de vaccins. Ces vaccins sont les inoculations des maladies elles-mêmes. Il a employé cette méthode, tellement ancienne qu'on n'en connaît pas l'origine, d'abord pour les poules, les porcs, l'espèce bovine, etc., etc., avec plus ou moins de succès.

Il paraît, d'après lui, que le virus atténué de la rage serait un préservatif de cette horrible maladie. Les recherches qu'il a faites à l'École normale, et ailleurs, et que l'on fait surtout à l'Institut Pasteur, sont très intéressantes théoriquement, mais l'application en est bien dangereuse. En effet, si toutes les maladies contagieuses que l'inoculation affaiblit beaucoup devaient être inoculées à l'homme et aux animaux, le remède serait pire que le mal :

1° Parce que beaucoup de maladies inoculées sont aussi mortelles que les maladies gagnées par contagion.

2° Parce que ces inoculations de maladies ne préservent que rarement d'avoir, par la suite, la même maladie, soit naturellement, soit par contagion.

3° C'est que, même en inoculant une maladie avec autant d'efficacité que le vaccin, on peut encore communiquer d'autres maladies dont on ne guérirait pas.

Quoique M. Pasteur ait voulu faire inoculer la rage à tous les chiens pour que cette maladie soit faible et ne produise ni la contagion, ni la mort, pour que la morsure d'un chien enragé soit sans effet sur les chiens vaccinés, l'expérience ne paraît pas être bien satisfaisante. En supposant qu'elle le soit tout à fait, il faudrait donc vacciner tous les chiens de tous les pays, les loups aussi et même les chats, les renards et d'autres espèces encore qui ont la maladie spontanée.

Cette inoculation de la rage modérée est donc absurde. Comme l'espèce humaine peut être mordue par les chiens enragés, pourquoi ne pas renverser le problème et ne pas nous *vaccirager* ? Ce serait aussi insensé, mais pas plus.

Il y a tant de maladies qui affligent l'espèce humaine et que l'on n'a qu'une fois dans la vie. Il faudrait cependant se les faire inoculer toutes, au moins 30 ou 40, pour pouvoir en être préservé.

La méthode de guérison de la rage par un vaccin plus ou moins virulent, lorsque le sujet a été mordu par un chien véritablement enragé, ce qui est très rare, est une méthode tout à fait absurde et contraire au principe de la vaccination par le vaccin ordinaire (cow-pox). En effet, le vaccin est un préservatif et non pas un curatif ; on trouverait tout à fait insensé de vacciner des personnes déjà atteintes de la petite vérole. C'est cependant ce que fait M. Pasteur en prétendant guérir les gens par un vaccin de la rage, lorsque la rage existe à l'état latent ou pas, par suite de morsure de chiens enragés.

C'est tellement vrai, ce que nous disons ici, que les malades qui sont soi-disant guéris à l'Institut-Pasteur n'avaient pas la rage ou que la cautérisation les avait préservés avant le traitement pastorien.

Ceux réellement mordus par des chiens enragés, dont la bave a pénétré profondément, restent longtemps bien portants en apparence avant que la maladie se déclare. On les renvoie comme guéris. Après un temps plus ou moins long d'incubation, suivant le tempérament de la personne, la rage fait son œuvre, et les médecins de l'Institut-Pasteur font le silence là-dessus. N'a-t-on pas vu la rage se déclarer plus d'un an après la morsure? Une enquête devrait être faite pour savoir ce que deviennent tous ces gens soi-disant guéris. Voici du reste, un exemple, pris dans un journal quelconque, de l'efficacité de la prophylaxie pastorienne.

« Perpignan, 7 octobre. — Le 6 septembre dernier, à
« Ile-sur-la-Tet, arrondissement de Prades, un chien
« enragé avait cruellement mordu le jeune Dominche,
« âgé de 7 ans, et le nommé Vidalon, âgé de 46 ans.
« Ce dernier avait eu les lèvres et une partie du visage
« déchirés par les crocs de l'animal furieux.

« Envoyés, par le département, à l'Institut-Pasteur,
« ces deux malheureux, que l'on avait renvoyés
« comme guéris, sont morts au milieu d'atroces souf-
« frances. »

Il y en a une foule qui sont dans le même cas et que l'on ne connaît pas.

Les maladies contagieuses, surtout celles qui ont une grande activité, ne sont pas dues à des microbes, bien certainement ; les actions chimiques étant bien plus puissantes que celles physiologiques.

Il en est de même de ces venins foudroyants qui agissent très rapidement. Il peut se produire une foule de microbes dans la décomposition de l'être vivant, même avant sa mort, mais ce n'est pas souvent ces in-sectes ou cryptogames qui déterminent la maladie et la mort ; ils ne sont que le résultat du mal.

On tombe dans une exagération contraire si on nie l'influence des parasites microscopiques ou non, pour la production d'une foule de maladies comme la gale, la teigne, etc., etc. L'origine de ces maladies est sur-

tout la malpropreté, et elles se perpétuent aussi par le
manque de soin. Il est certain que le sarcopte de la gale
n'est pas venu spontanément par la malpropreté : Ce
petit être est déjà trop bien organisé pour cela. Mais il
peut et doit descendre de parents microscopiques, d'une
organisation inférieure à la sienne, qui sont nés spontanément ; peut-être même des éléments anatomiques
organisés du corps humain.

L'odeur forte des gens qui ne se lavent pas provient
sans doute de la formation des microbes qui perpétuent
une putréfaction tout externe d'abord. La propreté est
donc indispensable pour la santé.

Une vaccination qui serait préférable à l'emploi des
virus atténués par les procédés de M. Pasteur ou autres,
serait de faire des injections hypodermiques, mais que
lorsqu'une maladie est déclarée ; ce système est plus
efficace que toutes les rêveries des microbiologistes. Cependant, il ne faut employer ce procédé que lorsqu'on
ne peut agir directement sur le point malade. Ainsi, il
est à présumer qu'il y a des procédés connus qui valent
mieux que la soi-disant admirable découverte de Koch
pour guérir la phtisie au premier degré. Je signalerai
surtout l'emploi de l'éther que j'ai expérimenté avec
succès, et le faible dégagement d'acide cyanhydrique,
qui a réussi à une foule de personnes atteintes de phtisie au premier et même au deuxième degré.

La phtisie peut atteindre des enfants de phtisiques
plus facilement que des enfants de parents bien portants
parce qu'ils n'ont pas la force vitale de ces derniers.
Mais cette maladie atteint aussi les gens qui ont la santé

la plus vigoureuse, à la suite de rhumes négligés, re-froidissements, etc., etc. Ce ne sont donc pas des mi-crobes qui sont cause de la maladie, quoiqu'il s'en développe beaucoup dans les poumons. Les antisepti-ques non corrosifs empêchent les virus et les microbes de continuer leur action destructive sur les parties ma-lades. Si la décomposition ou la transformation des pou-mons en tubercules et en microbes n'est pas trop avan-cée, il y a possibilité de guérison.

Avant de finir ce petit mémoire, je ferai remarquer qu'il n'est pas nécessaire que ce soient des microbes qui produisent des maladies dont l'incubation est plus ou moins longue, car on connaît une foule de poisons qui, ne s'éliminant pas naturellement, font des ravages de plus en plus grands ; tels sont les sels de mercure, les ptomaïnes, etc. Enfin les antiseptiques préconisés par les microbiologistes pour qu'ils tuent les microbes, le sont aussi par les médecins de toutes les écoles, car ils décomposent les ferments liquides, les virus non vivants, les venins, les ptomaïnes, etc. Ainsi donc, ils n'ont rien inventé à ce sujet. Ils ont profité de cette concordance d'action pour s'attribuer tout le mérite de l'emploi des antiseptiques connus depuis des siècles.

La connaissance du microbe que l'on trouve le plus dans une maladie n'indique pas le mode de guéri-son.

La méthode de pansement de Lister a été inspirée à ce chirurgien par les recherches de Pasteur. C'est un bon procédé pour empêcher les poussières de l'air de pénétrer dans les plaies, ces poussières contenant des microbes, des spores, des poussières organiques en putréfaction, etc., surtout dans les hôpitaux.

Chose remarquable, la méthode de pansement des plaies de Guérin, en 1839, a beaucoup d'analogie avec celles actuelles du Dr Déclat et du chirurgien Lister ; le Dr Guérin partageait probablement les idées de Raspail.

Delaurier.

« Pour compléter ce que nous disions dans ce « mémoire sur les nombreux insuccès de la méthode de « M. Pasteur pour la guérison de la rage, voici ce que « nous trouvons dans l'*Intransigeant* du 14 décembre « dernier intitulé : *Triomphe de Pasteur.*

« Les lauriers funèbres du Dr Koch devaient trou- « bler considérablement le célèbre M. Pasteur.

« Tous les jours Koch avait ses deux ou trois décès « et M. Pasteur ne trouvait plus de victimes à inoculer.

« Enfin, il lui est venu de Pamiers un malheureux « ouvrier forgeron, nommé Birelent, qui s'est soumis « à son traitement anti-rabique. Sorti de l'institut de « la rue Dutot avec *l'exéat* indiquant la guérison, le « forgeron·Birelent est rentré plein de confiance à « Pamiers... Mais à son arrivée on a dû le conduire à « l'hôpital où il est mort 24 heures après son entrée, « dans un accès de rage. La maison de la rue Dutot « peut soutenir encore, on le voit, le rude choc de la « concurrence allemande. »

REMARQUES DE E. DELAURIER

SUR LES

OBSERVATIONS DE LA PLANÈTE VÉNUS

FAITES

**Par M. Schiaparelli et MM. les astronomes
de l'observatoire de Nice**

REMARQUES DE E. DELAURIER

SUR LES

OBSERVATIONS DE LA PLANÈTE VÉNUS

FAITES

*Par M. Schiaparelli et MM. les astronomes
de l'observatoire de Nice.*

COMPTES-RENDUS DE L'ACADÉMIE DES SCIENCES, 27 OCT. 1890

Ces savants, ayant remarqué que l'aspect général de cette planète ne varie pas sensiblement d'un jour à l'autre, en ont conclu que tous les astronomes qui avaient fixé la rotation de Vénus sur elle-même à 23 heures, 21 minutes, 24 secondes se sont grossièrement trompés, puisque ces nouveaux observateurs admettent que cette rotation se ferait entre 195 et 225 jours.

C'est bien vague comme exactitude et cela se rapporte assez à la révolution de cet astro autour du soleil : 224 jours ; ce qui contribuerait alors à donner à Vénus un aspect qui redevient le même après un grand nom-

4

bre de jours que les nouveaux observateurs n'ont pas pu déterminer.

Ce qui me ferait croire que ce sont plutôt les astronomes actuels qui sont dans l'erreur, c'est que la densité de la planète correspond à peu près, en raison de sa masse, à la densité de la terre, et que l'atmosphère de Vénus paraît avoir une densité double de l'atmosphère terrestre, ce qui peut tromper sur son aspect.

Si la rotation de Vénus était aussi lente que les observateurs actuels croient l'avoir trouvée, la densité de ce globe serait naturellement plus grande, puisque sa force centrifuge serait 200 fois moindre que celle de la terre et elle ne pourrait être encore un peu plus aplatie que la terre aux pôles.

On peut remarquer que la densité des planètes est en raison inverse de leur vitesse de rotation sur elles-mêmes, à masses égales.

Si les satellites des planètes de notre système solaire ne semblent pas suivre cette loi, malgré leur rotation lente ou nulle sur eux-mêmes, c'est que leur masse est toujours beaucoup plus petite que celle de leurs grandes directrices.

Les astronomes actuels ont bien vu ce qu'ils annoncent, mais n'ont probablement pas assez prolongé leurs observations pour en définir la cause et en tirer des conclusions tout à fait en désaccord avec ce que nos anciens astronomes ont observé avec une patience peut-être plus grande.

L'aspect général de Vénus pendant trois mois seulement ne peut-il pas avoir été rendu inexact en raison de l'atmosphère épaisse qu'elle possède? Ce qui semblerait le prouver, c'est l'incertitude des observations de Nice qui lui attribuent une durée de rotation de 195 à 225 jours.

Vu les difficultés que l'on éprouve pour bien observer cette planète, même avec les instruments les plus parfaits, il serait bon, je pense, de se servir de la photographie pour résoudre cet important problème d'astronomie.

DELAURIER.

P. S. — *La grande densité et le grand volume de l'atmosphère de Vénus tiennent à sa distance au Soleil bien moindre que la Terre.*

PÉTITION URGENTE

PRÉSENTÉE A LA

CHAMBRE DES DÉPUTÉS

PAR

Émile DELAURIER

PÉTITION URGENTE

PRÉSENTÉE A LA CHAMBRE DES DÉPUTÉS

Par Émile DELAURIER

Il y a vingt et un ans que j'ai indiqué à l'honorable Académie des Sciences un procédé qui me paraît encore aujourd'hui infaillible pour détruire le *Grisou* par des étincelles électriques, à mesure que le gaz se dégage de la houille. Il m'a été objecté que l'aération des mines était le moyen le plus efficace pour détruire le grisou et que mon invention donnerait une fausse sécurité aux ouvriers.

Je suis parfaitement d'avis qu'il faut aérer les mines de houille ; mais comme l'aérage ne peut bien se faire dans toutes les galeries et que, enfin, plusieurs malheureuses catastrophes ont prouvé, depuis cette époque que l'aération des mines était insuffisante, je crois de mon devoir de renouveler ma proposition, qui n'a jamais été faite dans un but de spéculation, puisque j'en ai toujours proposé gratuitement l'emploi.

Il m'a été aussi objecté à cette époque que, dans la combustion du gaz hydrogène carboné, il se produisait de l'oxyde de carbone vénéneux. C'est une grave erreur puisque la combustion de ce gaz se fait toujours dans un excès d'air. La seule objection possible, que l'on s'est bien gardé de faire, c'est la dépense et certaines difficultés d'exécution. Mais, à présent, cette objection n'aurait aucune valeur, depuis les grands progrès des générateurs d'électricité et de l'habileté des électriciens.

Actuellement, avec des dynamos Gramme ou autres, on produirait assez d'électricité pour faire passer des étincelles dans un très long fil conducteur, coupé de distance en distance, partout où on craint le dégagement du grisou. Il est probable qu'il n'y aurait pas besoin de fil de retour; la terre pourrait servir de conducteur.

D'après mes expériences très nombreuses, la combustion est plus certaine lorsque les bouts coupés sont en regard l'un de l'autre et très rapprochés, les étincelles courtes ayant une température plus élevée que les longues. C'est la chaleur qui produit la combustion de la poudre et des corps ou mélanges détonants, et non la vibration électrique.

Des corps isolants maintiennent ces fils coupés dans la position que je viens d'indiquer, tout le long du ciel des galeries et des ateliers de mine, car c'est là que se rend l'hydrogène carboné, qui est plus léger que l'air.

L'acide carbonique qui se produit est moins dangereux pour la santé des mineurs et moins asphyxiant que l'hydrogène carboné répandu dans l'air, dit : grisou.

Je ne vois donc actuellement aucune raison sérieuse à objecter sur l'application d'un moyen de sauver la vie à des milliers d'ouvriers mineurs, si méritants et si utiles à la société.

Le dégagement de l'hydrogène carboné n'est jamais très rapide, et, d'ailleurs, le fût-il, il n'est pas encore bien mélangé avec l'air. Il serait donc toujours bien plus prudent de faire passer des étincelles électriques très souvent. Le gaz serait alors tellement fractionné dans sa combustion qu'il n'y aurait aucun danger, et qu'une mine grisouteuse ne pourrait prendre feu si la houille qu'elle contient n'a pas beaucoup de sulfure de fer, qui est la cause la plus ordinaire de la combustion spontanée de la houille.

J'ai indiqué d'autres procédés qui reviennent à peu près au même pour détruire le grisou à mesure de sa production.

Je ne crois pas nécessaire d'en parler pour ne pas allonger inutilement cette pétition.

Veuillez agréer, Messieurs les Députés, l'assurance de ma considération la plus élevée.

Delaurier.

P. S. — *Se rapportant à l'époque où j'ai présenté cette pétition non légalisée.*

Le puits Verpilleux était cependant, dit-on, le *nec plus ultra* de la science officielle; c'est donc le moment de dire, comme le grand chimiste J. Dumas, que cela donnait une fausse sécurité aux ouvriers.

Si J. Dumas avait été dans le vrai en disant : qu'il se produirait de l'oxyde de carbone, qui est très vénéneux, l'éclairage au gaz serait de toute impossibilité.

Si Dubrunfaut, son savant collègue à l'Institut, au lieu de mal fermer le bec de gaz de sa chambre à coucher, l'avait laissé allumé pour le brûler à mesure de sa production, on ne l'aurait pas trouvé mort, asphyxié par l'hydrogène carboné, le lendemain matin.

C'est pour avoir eu trop raison que ma carrière scientifique a complètement été entravée par les deux secrétaires, dispensateurs de publicité de la plus grande société savante.

Delaurier.

RECHERCHES EXPÉRIMENTALES

SUR LA

PONDÉRABILITÉ DE L'ÉTHER UNIVERSEL

PAR

Emile DELAURIER

RECHERCHES EXPÉRIMENTALES

SUR LA PONDÉRABILITÉ DE L'ÉTHER UNIVERSEL

Par ÉMILE DELAURIER

OBSERVATIONS PRÉLIMINAIRES.

Ces recherches vont paraître bien paradoxales et
même bien inutiles à la plupart des savants, car il
n'est personne qui ne sache que l'éther des physiciens,
ou à l'état libre, n'a pu être pesé : peut-être même est-il
la cause de la pesanteur. On a même nié son existence. La suite de mon mémoire fera voir l'importance
extrême qu'il y a de résoudre le problème de la pon-
dérabilité de l'éther comme preuve de son existence, et
pour faire comprendre la cause de l'unité des forces
physiques.

Les mouvements et les vibrations plus ou moins
rapides de l'air peuvent produire de la force motrice et
différents sons ; ces mouvements peuvent produire du

travail et des bruits, mais cela n'indique pas le poids de l'air.

De même les manifestations de l'éther sont des déplacements et des vibrations de cette substance qui produisent alors du mouvement, de la chaleur, de la lumière, de l'électricité, selon la longueur des ondes et selon les conditions de transmission à nos sens. Cela détermine de grands effets mesurables comme on mesure la force du vent et l'intensité des sons, mais qui n'indique pas le poids de l'éther.

Comme il n'y a pas d'effets sans cause, et que le mouvement, la chaleur, la lumière et l'électricité peuvent se produire l'un par l'autre, c'est donc ce qu'on nomme l'*éther*, qui est le principe unique de ces effets physiques.

L'éther universel étant la cause générale de tous les phénomènes physiques et chimiques, il y aura fusion de toutes les petites théories actuelles abstraites, et ne s'appuyant que sur quelques faits secondaires.

Tous les faits que nous connaissons nous prouvent l'existence de l'éther, mais la preuve la plus palpable sera de le peser à l'état de combinaison, ou de voir la perte de poids subie par des corps qui se combinent. C'est ce que je me suis efforcée de faire.

Je démontre par l'expérience que l'éther est un gaz qui ne peut avoir un poids à l'état libre: seulement il est tellement subtil qu'il n'a pu être enfermé dans des vases et pesé, mais c'est un corps, car il peut se mettre en mouvement, il peut vibrer comme tous les corps, surtout les gazeux. C'est parce que c'est un corps qu'il peut se manifester à nos sens.

Si c'est un corps, on doit pouvoir le peser par un moyen quelconque : j'y suis parvenu.

Si c'est un corps, il doit se combiner aux autres corps, comme tous les éléments chimiques et même les composés. C'est un fait incontestable, c'est l'agent le plus actif de cette série d'actifs. Lorsqu'il y a combinaison chimique entre des corps simples ou autres, il se dégage de la chaleur, de la lumière ou de l'électricité, et, des fois, il y a ces trois manifestations de l'éther. Il s'est donc produit probablement un déplacement de ce principe. Si j'ai pesé les corps qui se sont combinés avant l'expérience, et que je pèse le produit après, s'il y a perte de poids, j'aurais la certitude non seulement qu'il y a une matière qui a été déplacée, mais encore que cette matière est pesante. Ceci se comprend dans les actions chimiques. Il y a souvent une grande condensation de l'éther ou de certains corps gazeux. Cette condensation de corps légers augmente le volume et le poids des corps matériels, ou en diminue la densité aussi bien pour les composés où il entre de l'éther que ceux où il entre des gaz, ce qui en prouve l'analogie.

Pour que l'on ne suppose pas que la perte de poids dans la combinaison des corps simples ou composés provient par volatilisation, je donne le détail de mes expériences pour lesquelles j'ai choisi les corps et les procédés les plus convenables pour réussir.

L'expérience inverse, c'est-à-dire l'augmentation de

poids par la décomposition ou par le déplacement des composés chimiques plus fixes m'a réussi : elle est fondamentale et décisive, elle permettra un jour de déterminer l'équivalent exact de l'éther universel. Dans une même expérience, à l'aide d'un courant électrique, j'ai pu trouver le poids matériel augmenté, puis diminué par action inverse.

Je n'ai pas encore eu de grande précision dans mes travaux, mon but n'étant pas d'avoir la meilleure méthode pour établir la perfection du premier coup. J'ai voulu seulement prouver par des faits palpables incontestables, très importants, la vérité des idées qui ont été devinées depuis longtemps par une foule de personnes et de savants, mais que l'expérience, mal comprise ou difficile à faire, n'avait pas encore confirmée. On a voulu peser des corps parce qu'ils étaient chauds, c'est-à-dire à l'état de vibration. C'est comme si on avait voulu peser l'air par la vibration d'une cloche. On a aussi voulu peser la chaleur latente de fusion ou de volatilisation, qui est bien moins grande que la chaleur de combinaison, déjà si difficile à déterminer, etc. Voilà pourquoi on n'a pas eu de succès.

Je ferai remarquer que les corps détonants et d'autres composés que M. Berthelot nomme endothermiques, ne se font pas par le froid, mais à l'aide d'une action chimique plus puissante, une double décomposition comme la formation du chlorure d'azote.

Toutes les combinaisons possibles entre les corps simples et composés dégagent plus ou moins de chaleur en se formant. Elles sont toutes exothermiques sans exception, les faits contraires ne sont que des apparences d'après le milieu où on opère.

Si cette chaleur est moindre que la température ambiante, ce n'est pas du froid produit, c'est tout simplement parce que le zéro de notre thermomètre est à une température trop élevée.

Tous les corps composés, en se combinant à l'éther, se dissolvent ou se décomposent. Cela se fait par des vibrations calorifiques, électriques, ou même lumineuses.

Ces produits prennent plus de volume que les composés, ceci n'est pas une observation négligeable à l'appui de mes idées. Les éléments chimiques sont les corps qui contiennent le plus d'éther en combinaison avec eux.

Lorsque la chaleur rayonnante se transmet à travers un corps solide, liquide ou gazeux, elle ne traverse réellement pas ce corps, lors même qu'elle est modifiée et qu'il se forme des vibrations électriques en plus de celles calorifiques.

Il en est de même de la lumière, elle ne traverse pas les corps transparents, elle les fait vibrer plus ou moins à l'unisson, selon qu'ils sont blancs ou colorés, elle fait comme le son qui fait vibrer les vitres sans les traverser.

L'électricité et la lumière n'ont pas la vitesse de transport qu'on leur attribue, seulement leurs ondulations se transmettent presque instantanément dans les corps solides, liquides ou gazeux avec une vitesse très grande, et celle de l'éther se transmet directement sur et par lui-même, que le rayonnement soit calorifique ou lumineux.

L'électricité ne peut être comparée à un fluide qui circule dans un tuyau comme un courant d'eau, aussi les calculs mathématiques, que l'on fait d'après cette théorie, ne peuvent être exacts ; l'électricité est un mouvement ondulatoire de l'éther qui se transmet aux fils métalliques ; mais elle ne circule pas dans ces fils métalliques. D'ailleurs elle ne pourrait avoir d'action extérieure sur l'aiguille aimantée, sur le fer ni sur d'autres courants.

Je préfère beaucoup l'expression de *conductibilité* à celle de *résistance,* elle est bien plus rationnelle et bien plus exacte.

L'éther peut non seulement se combiner à tous les corps solides, liquides et gazeux, mais il est l'agent unique de toutes les décompositions, de même qu'il se dégage de toutes les combinaisons chimiques. Il est aussi la cause de toutes les modifications physiques des corps. Quand il paraît et disparaît sans modifications thermiques on le nomme *chaleur latente.*

En faisant mes recherches expérimentales, j'avais un parti pris bien arrêté sur des idées qui me paraissent très justes. Cependant je ne pense pas avoir cherché à me tromper. Comme j'ai été surpris moi-même de mon succès, j'ai fait tous mes efforts pour être exact et vrai.

J'ai pour principe que de même que la théorie éclaire la pratique, l'expérience guide la théorie dans ses recherches de la vérité, et qu'il est impossible d'être un bon praticien sans théorie, et de faire des progrès dans les principes de la science sans beaucoup expérimenter.

Je puis dire que les observations importantes que j'ai faites sont dues à mes idées théoriques, et que si on n'a pas observé des faits aussi palpables, c'est que l'on a depuis quelque temps des théories, je ne puis dire contraires à la mienne, mais tout à fait différentes, et cependant assez vagues et n'ayant pas de liens entre elles.

Mes recherches feront faire sinon une révolution dans la science, du moins une grande réforme et l'unification des théories physiques et chimiques. Actuellement il n'y a pas de théories raisonnables sur les causes de la chaleur latente dans les changements d'état des corps.

De même la *Thermochimie* nous donne une quantité de faits intéressants sans nous dire pourquoi ni comment ces faits se produisent. Si une combinaison se fait par un dégagement de chaleur, pourrait-elle se faire par une action inverse, puisque l'on admet cette absorption de chaleur endothermique ?

En supposant, avec le bon sens, que l'éther est une matière gazeuse très légère, et que la chaleur, la lumière et l'électricité sont des ondes de longueurs différentes de cet éther, tout s'explique très bien. En ajoutant de la chaleur, de la lumière ou de l'électricité, c'est comme si on ajoutait de l'éther, ou si on en retranchait, car quoi que ce soient des vibrations d'un fluide, on peut l'ajouter comme l'air vibrant peut être ajouté quoique vibrant.

Une loi très importante, qui n'est pas assez remarquée, c'est qu'à l'exception de l'acide chlorhydrique et le protoxyde d'azote, tous les corps gazeux lorsqu'on les combine entre eux, ont un volume moindre que les composants. Il en est de même des autres corps si on les considère à l'état de vapeur seulement, car il y a des corps comme le soufre et le carbone qui ne forment de combinaisons qu'à l'état de vapeur, ou au moins l'un d'eux. Lorsqu'ils sont en cet état ils dégagent de la chaleur en se combinant et prennent un moindre volume.

C'est parce qu'une foule de corps ne se combinent qu'à l'état liquide ou gazeux que l'on est obligé de les chauffer pour que l'action chimique se produise ; ils dégagent néanmoins de la chaleur en formant des composés.

Il est à remarquer que l'acide chlorhydrique et le protoxyde d'azote dont je viens de parler, ont dû perdre de l'éther ou, si on préfère, du calorique en se combinant, car ils sont bien plus liquéfiables que les gaz dont ils sont formés, puisqu'il n'y a pas longtemps trois de ces gaz paraissaient permanents.

En général, tous les corps se combinant entre eux ont un volume moindre. Ceux qui cristallisent ne suivent pas toujours cette loi, parce qu'il y a une action encore peu connue, comme l'eau qui prend plus de volume en se congélant.

Il est très remarquable que les combinaisons des corps entre eux diminuent leur volume en même temps qu'ils perdent de l'éther sous forme de chaleur, de lumière ou d'électricité. Et aussi que l'action inverse se produise en ajoutant de l'éther par la chaleur ou l'électricité et, quelquefois de la lumière.

Si deux liquides se combinent entre eux et restent liquides, il y a toujours diminution de volume ou contraction. Je l'ai démontré en donnant la table des densités des mélanges d'acide sulfurique et d'eau dans le premier fascicule de ma *Philosophie chimique*.

Les actions thermiques, l'ordre électro-chimique, les actions de combinaison, de décomposition, de double décomposition, de substitution, d'affinité, tout cela est impossible à bien expliquer avec les théories régnantes.

L'oxygène est un corps simple indispensable à notre existence, mais n'est plus considéré comme l'agent chimique qui remplace le phlogistique.

Les atomes et les molécules n'ont pas la polarité que leur supposaient les électro-chimistes. Le dynamisme des thermo-chimistes n'explique rien, car il ne peut exister de force immatérielle agissant sur la matière.

Il n'existe pas de mouvement sans matière.

L'affinité et les substitutions sont des effets dont on ne connaît pas les causes.

Il faut donc quelque chose qui relie toutes les grandes lois et phénomènes physiques et chimiques. C'est pour avoir méconnu la cause générale de ces actions que l'on a fait une foule de petites théories sans lien entre elles, et qui sont plutôt des séries de faits que des idées générales.

Jusqu'à présent on n'a pas pu peser le calorique

5

rayonnant, parce que c'est la vibration de l'éther et non le corps dont on avait la manifestation.

On n'a même pas pu peser le calorique latent, parce que les expériences n'ont pas été faites avec assez de précision et que cette absorption ou ce dégagement de chaleur est bien plus faible que l'absorption ou le dégagement de l'éther sous forme de chaleur qui se produit dans les actions chimiques.

Je viens de peser l'éther par différence et même par son poids ajouté au corps dans les combinaisons et les décompositions à l'aide de la chaleur ou de l'électricité.

Je vais décrire des expériences d'une grande simplicité, mais incontestables. Elles ne sont pas toutes très faciles ni sans danger, car lorsque les combinaisons se font trop rapidement, cela brise les vases même les plus résistants, par la vapeur d'eau ou d'autres liquides. Il m'a donc fallu faire un choix et avoir des produits assez purs pour qu'ils ne dégagent pas de gaz sur lesquels on ne comptait pas, qui pourraient faire des explosions, ou au moins produire de graves erreurs en s'échappant par des fuites qui seraient imperceptibles.

Mes expériences sont de deux natures.

La première série est plus facile à expérimenter.

Je combine des corps entre eux, ces combinaisons dégagent de l'éther, sous forme de chaleur, et quelquefois sous forme d'électricité selon les conditions de l'expérience.

Le poids du composé est moindre que celui des composants, c'est donc quelque chose de fugace qui s'est dégagé et qui était combiné avec les composants.

La série des corps qui se combinent entre eux que j'ai été obligé de choisir pour réussir dans mes recherches doivent perdre de la chaleur et de leur poids après leur combinaison entre eux, si mes idées sont justes : c'est ce qui est arrivé.

Avant d'annoncer ces faits aux honorables savants ; j'ai vérifié mes expériences plutôt trois fois qu'une de crainte de me tromper, car, quoique espérant réussir, j'ai été étonné moi-même, tant ces résultats semblent contraires aux idées en vogue.

La diminution du poids des corps qui se combinent indique donc qu'il y a quelque chose de matériel qui s'échappe même des vases fermés hermétiquement.

Par mes expériences et mes nouvelles manières de voir les choses, on pourra connaître les causes de modifications allotropiques des éléments chimiques, tels que l'ozone et l'oxygène.

L'ozone serait probablement un composé de un équivalent d'éther universel et de deux éléments oxygène, tandis que l'oxygène connu n'en contiendrait qu'un équivalent.

Pour la deuxième série d'expériences ou actions inverses, je ne vois guère le moyen de faire l'expérience à l'aide de la chaleur ou du moins cela offre de grandes difficultés matérielles. En effet, pour séparer des composés binaires ou autres, pour les réduire en éléments chimiques, il faut des températures excessivement élevées, des récipients infusibles assez volumineux pour recueillir les gaz et ne perdant pas de poids pour la haute température. Enfin, il faut une balance pouvant peser plusieurs kilogrammes et cependant d'une précision extrême.

J'ai pensé alors à me servir de l'électricité, puisque chaleur et électricité sont également des ondulations de l'éther. C'est en déplaçant des corps qui ont une affinité plus grande que d'autres, ou qui dégagent plus de chaleur que d'autres en se combinant, que j'y suis parvenu comme je vais l'indiquer.

En faisant passer un courant électrique dans du sulfate de zinc par des électrodes en cuivre, j'ai obtenu une augmentation de poids par la substitution du cuivre au zinc, parce que le cuivre contenait moins d'éther en combinaison.

En me servant de cela comme élément de pile et fermant le circuit, j'ai obtenu ensuite une diminution de poids. Cette expérience est donc tout à fait fondamentale et tout à fait concluante.

Mes expériences démontrent non seulement l'unité des forces physiques, mais encore les causes de cette unité, elles feront la fusion de toutes les théories.

J'ai fait quelques expériences très détaillées en pesant les vases et les produits à combiner. J'ai préféré ensuite ne faire que la pesée totale pour avoir des résultats plus nets et moins risquer de faire des erreurs ; la précision est plus grande encore comme résultat général et plus concluante. Je suis arrivé au but que je voulais atteindre.

Par la suite il faudra opérer, en prenant des équivalents de chaque corps, que l'on combinera ensemble pour trouver peut-être l'équivalent de l'éther et alors avoir une précision absolue dans les expériences.

Comme je n'ai eu besoin que de chercher des différences de pesanteur entre les corps combinés et ensuite dissociés, je n'ai pas voulu employer la méthode des doubles pesées. Dans ces conditions elle est moins exacte qu'en mettant toujours le poids dans le même plateau et le vase à expérimenter dans l'autre.

Le choix des produits que j'ai fait a été celui des corps ne dégageant pas de gaz, j'ai bien bouché les vases, tantôt avec les bouchons ordinaires, tantôt plus hermétiquement en imprégnant ces bouchons de cire, ou quelquefois avec des fermetures à vis.

Expériences. — Première série.

Diminution du poids par dégagement du gaz-éther dans les combinaisons de corps pondérables entre eux.

```
1° Magnésie calcinée. . . . . . .        500 gr.
        Eau . . . . . . . . . .  1 k.
        Vase. . . . . . . . . .       757 gr.
            Total . . . . .   2 k. 257 gr.
        Après 10 jours . .  2,255      ⎰ 2 gr. 5
        Après 18 jours . .  2,284 g. 5⎱ décigr.
```

C'est-à-dire une perte totale de poids 2 gr. 5 décigr.

J'avais mis de la magnésie calcinée dans un flacon en verre, que j'avais parfaitement bouché et scellé ensuite avec un mélange de cire à cacheter et de cire vierge pour que ce soit moins cassant.

J'ai répété cette expérience en petit, j'ai encore eu une diminution de poids.

2° Dans un vase en fer blanc, très solide, se fermant avec un bouchon à vis et une rondelle de plomb, j'ai mis de la chaux et de l'eau, j'ai fermé rapidement. Après 20 minutes environ une explosion très forte a brisé le vase à la partie où il était cependant bien agrafé.

3° J'ai fait une expérience de même nature avec un vase semblable en le mettant de suite dans un seau d'eau froide, je n'ai eu aucune explosion.

Le poids total de la chaux de l'eau et du vase était de 3 k. 087 gr. le surlendemain, le tout pesait 3 k. 086 et demi après avoir bien essuyé ce récipient.

La différence est donc bien peu sensible. Il est très possible que le vase étant dans l'eau, l'action chimique est devenue beaucoup plus lente. De plus, je n'avais pas fermé le bouchon rapidement ni bien hermétiquement avant de plonger ce récipient dans l'eau. Il y a donc eu de la vapeur dégagée dans le commencement et de l'air rentré par la suite.

J'ai eu le tort de déboucher trop vite ce vase, j'aurais probablement eu une différence plus grande.

4° J'ai voulu répéter cette expérience d'une manière plus exacte, j'ai alors acheté une grande pince de plombier pour pouvoir bien serrer le bouchon à vis. Ayant mis de la chaux et de l'eau, j'ai fermé solidement, j'ai pesé ensuite, j'avais obtenu 3 k. 825 gr. pour le tout, ayant mis bien plus d'eau que la première et la seconde fois. J'ai plongé rapidement dans un seau d'eau pour ne pas m'exposer à la rupture violente du vase. Après deux jours j'ai pesé, j'ai trouvé 3 k. 823 et demi après 8 jours 3 k. 822 gr. fort. Le vase est encore bouché actuellement. Il y a bientôt un mois, et la pesée est restée la même.

Résultat près de. . . .   3 gr.

5° Acétate de plomb, limaille de fer, eau, soit avec le vase un poids total de . . . . . .   894 gr.

         Après 18 jours. . . . . .   893 gr. 1/2

         Résultat . . . .   1/2 gr.

6° Sulfate de cuivre, limaille de zinc, eau.

L'expérience a été manquée, il s'est dégagé du gaz à travers le bouchon (Le sulfate était peut-être un peu acide).

     Poids primitif. . . . . .   799 1/2 gr.

     Final   786

     Différence. . . . .   13 gr. 1/2

7° Sulfate de cuivre, fil de fer, poids total avec le vase et l'eau. . . . .   1 k. 010

         Après 15 jours . . .   1,008

         Résultat 2 gr.

8° Bichromate de potasse, acide sulfurique, et fer.

Il y avait sans doute trop d'acide, le bouchon a sauté.

9° Bichromate de soude, en excès, acide sulfurique et zinc, le tout avec le zinc . . .   1 k. 856

         Après 18 jours . . .   1,853 1/2

         Résultat 2 gr. 1/2

10° Autre semblable.

       Poids primitif . . . . 1 k. 340

       Après 6 jours. 1,339

       Résultat 1 gr. fort.

11° Tournure de fer, fleur de soufre, eau, le tout avec le vase bien bouché à la cire. . . 1 k. 346

       Après 15 jours . . . 1,345 1/2

       Résultat 1/2 gr.

12° Chaux hydraulique, eau et vase, le tout bien bouché . . . . 1 k. 797 1/2

       Après 11 jours . . . 1,794

       Résultat 3 gr. 1/2

13° Acide sulfurique et oxyde de zinc. L'action chimique a été trop vive. J'ai ajouté du poroxyde de fer, qui n'est pas attaqué ou très faiblement. L'action a été plus modérée, mais le vase s'est brisé néanmoins.

14° Acide sulfurique avec des brindilles de bois, le tout pesant avec le vase bien bouché à la cire, 1 k. 621 gr.

       Après 20 jours 1,617

       Résultat 4 gr.

15° Acide sulfurique et kaolin (silicate d'alumine), avec un vase en verre le tout pesant . 2 k. 308

       Après 15 jours 2,306

       Différence 2 gr.

16° Le 8 décembre 1887, ocre rouge, acide sulfurique avec le vase. . . . . 2 k. 102

       Le 24 décembre . . . 2,101 1/2

       Différence 1/2 gr.

17° Ciment romain, eau et vase .   1 k. 821 1/2
       Après 29 jours. . . .   1,818 1/2
       Résultat 3 gr.

18° Litharge, acide sulfurique et vase 2 k. 092
       Après 17 jours. . . .   2,090
       Résultat 2 gr.

19° Magnésie, sulfate de cuivre et eau.

       Poids primitif. . . . . .   268 gr. 3
       Après 15 jours. 267, 4
       Résultat 9 décigr.

Maintenant que j'ai fait des expériences pour connaître le poids approximatif, mais très certain, qu'a le gaz éther dégagé, lorsque se font plusieurs combinaisons chimiques, je vais chercher à voir si on peut trouver, non pas le poids de gaz éther combiné, mais s'il y a une augmentation de poids par la combinaison de cet éther gaz, lorsque les décompositions chimiques se font par une action inverse.

Ces expériences sont plus difficiles.

EXPÉRIENCE. — DEUXIÈME SÉRIE.

Augmentation du poids par la combinaison du gaz éther universel avec les corps pondérables.

1° En faisant passer un courant de quatre éléments de pile Daniell dans du sulfate de zinc avec des électrodes en cuivre, je n'ai pas eu d'abord d'augmentation de poids après deux ou trois jours d'expérience.

C'était déjà un succès, car il y a toujours un peu d'évaporation de l'eau naturellement par la chaleur produite par le courant électrique. De plus, il faut remarquer que les zincs réduits se combinent en partie lorsqu'il s'est formé du sulfate de cuivre.

En ajoutant de l'amidon j'ai eu une légère augmentation de poids, ce corps servant de vase poreux pour empêcher la combinaison immédiate.

2° En faisant la même expérience avec 20 éléments de pile avec l'électrode positive en platine et celle négative en cuivre, il s'est dégagé de l'hydrogène du côté du platine et du zinc sur le cuivre. Il y a eu perte de poids, mais en pesant le zinc déposé sur le cuivre, j'ai observé que la perte aurait dû être plus grande d'après les équivalents réciproques des deux éléments : donc il y a quelque chose d'ajouté.

3° Expérience décisive fondamentale.

J'ai fait passer le courant de vingt éléments de pile en quatre séries, ce qui correspond à cinq éléments, dans une dissolution concentrée de sulfate de zinc mélangé d'amidon pour que la combinaison du zinc avec l'acide sulfurique ne se fasse pas.

Le tout pesait 685 grammes. Après cinq jours, malgré un peu d'évaporation, le poids total était de 687 grammes.

Gain 2 grammes.

Il faut donc bien se rendre à l'évidence que l'éther

pèse, puisque cet éther ajouté a séparé le zinc de sa combinaison et a augmenté le poids.

4° J'ai répété cette expérience avec plus de précision dans une petite balance très exacte ; voici les nombres obtenus. J'avais d'abord pour le sulfate de zinc l'eau et le vase 162 gr. 30. Après cinq jours d'expérience, avec 4 éléments de pile faible, j'ai obtenu 162 gr. 45.

Le gain est donc de 0 gr. 15.

On pourrait m'objecter que l'équivalent du zinc est un peu plus élevé que celui du cuivre, mais cela n'augmenterait pas le poids total.

CONCLUSIONS DE MES IDÉES ET EXPÉRIENCES.

Je viens de faire une étude sur l'éther universel. Je crois avoir démontré théoriquement et expérimentalement que c'est un gaz le plus léger, le plus subtil, le plus expansible de tous les gaz, mais ayant cependant une matérialité, une pesanteur : il n'est donc pas toujours impondérable et incoercible.

La force mécanique, physique et chimique de ce corps, son expansibilité, sa puissance d'action n'existent pas en lui-même. Il n'est qu'un corps matériel recevant sa puissance du protogène ou générateur universel de tout ce qui existe, et dont chaque atome est à la fois, force, matière et intelligence.

Chaque atome du protogène est d'une petitesse excessive, mais en nombre infini dans l'espace infini. Le volume total est bien moindre cependant que celui de l'espace, puisqu'il peut s'y mouvoir. Le protogène est partout comme l'espace est partout. Il ne peut exister d'espace sans protogène, et de protogène sans espace.

La protogène c'est l'intelligence et la force universelle, c'est la cause de tout ce qui se produit sur la terre et dans les espaces célestes. Le protogène c'est la vie universelle, c'est le mouvement incessant de l'atome élémentaire sans lassitude et sans sommeil. Lorsque ces atomes se combinent entre eux, leur force réciproque les neutralise momentanément. Il se forme d'abord de l'éther, il y a annulation de la force primitive. Cette première combinaison est soumise aux fluctuations du protogène qui lui transmet une partie de sa puissance. Par une série de phénomènes que j'ai indiqués dans ma *Philosophie Chimique*. Il se fait tour à tour de l'hydrogène, de l'oxygène, du chlore, puis des liquides et même des solides ayant la densité de l'or et du platine.

Enfin quelle que soit la valeur de mon hypothèse, les faits sont là incontestables, ils rectifient bien des idées et aussi des calculs sur les expériences.

On s'est demandé pourquoi le même corps pouvait indéfiniment produire de la chaleur ou de l'électricité par le frottement, ceci est facile à expliquer en comprenant que ces effets sont des vibrations de l'éther.

Ma nouvelle théorie résume toutes les théories actuelles et anciennes.

A mon point de vue il n'existe qu'une cause générale de toutes les actions physiques et chimiques intitulée :

La force, la lumière, l'électricité pour moi c'est l'éther universel. Il peut y avoir alors fusion de toutes les théories et unité de forces physiques.

Il y a une foule de théories secondaires pour expliquer les phénomènes de la nature, quoiqu'une seule soit suffisante.

Théorie. — De l'émission de Newton.

De l'ondulatiou de Descartes.

Du phlogistique de Stahl. .

Du calorique latent de Black.

Du calorique combiné : divers auteurs.

Du calorique mouvement : divers auteurs.

Thermique de Berthelot, affinité de Berthollet ; de l'oxygène agent universel de Lavoisier ; des substitutions de Dumas, Laurent Gerhardt ; de la matière radiante de Faraday et Crookes.

J'en passe de beaucoup.

Je donne le nom des auteurs principaux, quoique ces théories ne soient pas uniquement dues aux auteurs que je cite.

On peut de toutes ces théories n'en faire qu'une seule, fondée sur de nouvelles expériences.

Je viens de démontrer que, lorsque deux éléments chimiques e. même des composés se combinent entre eux il se dégage de la chaleur, ce qui est connu, mais que par la disparition de cette chaleur, il y a diminution de poids très sensible, même par des balances ordinaires.

J'ai de même démontré que l'on peut faire l'expérience inverse, quoique plus difficile, c'est-à-dire de faire augmenter le poids des corps éliminés par l'adjonction de cette chaleur sous forme d'électricité.

Je crois que mes expériences suffisent pour faire revenir à l'idée ancienne, toute naturelle, que le calorique est une matière qui se combine aux corps composés pour les décomposer et qui s'échappe lorsque les corps pondérables se combinent, bien que l'on nomme ordinairement les corps impondérables, phlogistique, calorique latent, électricité, matière radiante, etc., etc.

C'est l'éther universel qui produit tous ces effets mécaniques, physiques et chimiques. C'est un gaz comme l'air, comme l'hydrogène, mais bien plus léger, bien plus fugace que ce dernier : il est impondérable et incoercible à l'état gazeux. Il se combine à tous les corps et il joue un rôle plus intime dans les combinaisons chimiques que dans les actions physiques telles que : fusion, volatilisation, condensation, etc.

C'est le plus actif de tous les corps par ce qu'il est le plus léger. Il est aussi le plus expansible. En général plus les corps sont lourds, moins ils sont susceptibles de se modifier par les actions physiques et chimiques.

'Par ces recherches, il y aura probablement lieu de réviser le poids des équivalents des corps simples et les expéri ncos où l'on a cru à des pertes de matière pondérable lorsque c'était le gaz éther qui s'échappait.

DELAURIER.

Membre de la *Société* d'*Encouragement*, des *sociétés* de *Physique* de *chimie*, des *amis* des *Sciences*, etc.
77, rue Daguerre (Paris).

LES THÉORIES CHIMIQUES

DE

STAHL ET DE LAVOISIER

Janvier 1891

LES THÉORIES CHIMIQUES

DE STAHL ET DE LAVOISIER

On tient pour excellents certains systèmes chimiques parce qu'ils paraissent d'accord avec les faits nouveaux observés, tandis que la théorie du *phlogistique* de Stahl a été renversée par l'expérience, qui montre que les corps augmentent de poids en brûlant, tandis qu'ils devraient en perdre en brûlant, puisque le phlogistique s'en échappait.

Eh bien, Lavoisier qui disait que « la science doit être une langue bien faite », n'a pas compris qu'il n'y avait qu'un simple malentendu dans ces résultats contradictoires.

En effet, de ce que les métaux augmentent de poids en se combinant à l'oxygène, il ne s'ensuit pas, pour cela, que ces deux corps, en se combinant, ne dégagent pas de la chaleur latente, que l'on peut nommer *phlogistique*, ou *éther* si l'on veut. Et il se peut fort bien que le poids des deux éléments qui se combinent soit un peu moindre que les composants isolés, (comme je l'ai expérimenté dans d'autres conditions).

La belle théorie de Stahl, imaginée trop tôt, aurait

pu s'appliquer très bien après la découverte de l'oxygène et des autres gaz. Naturellement, ce grand chimiste aurait tenu compte du poids de chaque compo-
sant. Il faut donc la rajeunir, en en changeant le nom
que l'on a rendu ridicule, parce qu'on n'a considéré
qu'un côté de la question, que le fait brutal de l'augmentation de poids que Stahl ne pouvait prévoir avant
la découverte de l'oxygène.

La théorie du *phlogistique* se nomme aujourd'hui la
thermochimie ; c'est exactement la même chose, sous
un autre point de vue, peut-être un peu plus faux que
celui de Stahl : car celui-ci considère avec raison que
le *phlogistique* (calorique latent ou éther), se combine
avec les corps pour les isoler, et se dégage des corps
simples lorsqu'ils se combinent entre eux. Tandis que
M. Berthelot et les autres thermochimistes ne disent
pas pourquoi les corps simples se combinent ou sor-
tent de leurs combinaisons. Ils observent et calculent
des effets sans trouver les causes. Pour eux la chaleur
est un mode de mouvement. De quoi? ils ne le disent
pas. Qui le détermine? ils n'en savent pas plus.

Malgré la grande importance de l'oxygène pour la
combustion et pour la vie des êtres organisés, ce gaz
n'est pas l'agent des actions chimiques. Il n'est même
qu'un corps passif dans la combustion et l'oxydation.
Après l'azote, c'est le corps le plus commun dans la
nature, indispensable pour notre existence et pour celle
de tous les êtres vivants. Mais, chimiquement, il ne
joue pas d'autre rôle que le soufre, le phosphore, le
sélénium, l'arsenic, le fluor, le chlore, le brôme,

l'iode, etc., lorsque ces corps se combinent aux métaux ou entre eux.

La théorie de Lavoisier est donc inexacte. L'oxygène n'est ni l'agent de la combinaison des corps entre eux, ni l'agent de l'acidification, ni même l'agent de la combustion, puisqu'il n'est qu'un être passif.

Si l'oxygène était un agent, il ne serait qu'un agent incomplet, puisque la plupart des actions chimiques se produisent par d'autres corps que lui. Tous les corps simples dégagent de la chaleur en se combinant entre eux. Si on s'était aperçu plus tôt que la théorie de Lavoisier ne pouvait être une théorie générale, on ne se serait pas autant hâté de rejeter la théorie du phlogistique, qui embrasse toute la chimie sans lacunes, et on aurait expliqué la cause apparente de son impuissance à rendre compte de l'augmentation du poids des métaux qui s'oxydent. L'éther, en se combinant aux corps pour les isoler, ou en se dégageant, remplit le rôle d'un élément chimique. Il n'est donc pas encore l'agent moteur de ces actions. C'est le protogène qui produit les mouvements de toutes sortes et les états vibratoires. C'est lui qui donne la force et la vie. L'unité des forces physiques est due au protogène.

La théorie de Stahl doit être réhabilitée, et il est facile de démontrer qu'elle est supérieure aux autres théories chimiques. N'ai-je pas démontré, par de nombreuses expériences, que des corps qui se combinent entre eux, et qui dégagent de la chaleur, perdent de leur poids ? Ces faits très remarquables, que j'ai trouvés, ne prouvent-ils pas que le calorique latent, ou éther, se combine aux éléments chimiques lorsqu'il les isole de leurs combinaisons ?

L'incrédulité des physiciens et des chimistes au sujet de mes expériences vient de ce que les expérimentateurs n'ont jamais pu trouver de différence de poids entre un corps froid ou le même rouge de feu. Cela n'a rien d'étonnant, car c'est comme si on voulait établir une différence de poids entre une cloche à l'état de repos et la même en vibration.

L'éther des physiciens, probablement, ne pèse presque pas ; il doit en être de même lorsqu'il est à l'état de chaleur rayonnante, de lumière ou d'électricité. Mais si on le combine, à des corps simples surtout, il s'accumule et devient calorique latent qui, en se dégageant, produit de la chaleur sensible ou rayonnante. Cet éther, lorsqu'il est accumulé, peut avoir un poids sensible, de même que l'air comprimé pèse plus que l'air à la pression atmosphérique, ou encore de l'oxygène combiné comparé à l'oxygène libre. L'air lui-même ne pèse pas plus à l'état vibratoire qu'à l'état de repos. C'est donc un tort de s'appuyer sur les expériences négatives faites pour trouver une augmentation du poids des corps chauds sur les corps froids et nier l'exactitude de mes travaux. Ma remarquable découverte a donc été passée sous silence. Il était cependant facile de comprendre que je n'étais pas dans l'erreur ; mais on n'a pas voulu se donner la peine de faire quelques expériences qui offrent certaines difficultés.

Je ne suis cependant pas comme ceux qui annoncent

qu'ils enseignent la vérité et qui ne peuvent pas le prouver ; ni comme ceux qui affirment la vérité de l'évangile lorsque les moins clairvoyants y découvrent une foule de mensonges et d'absurdités.

Les plus grands savants peuvent se tromper : c'est pour cela qu'il ne faut pas adopter les yeux fermés des théories et des idées parce que c'est enseigné par des savants officiels. Ainsi, par exemple, on a un grand respect pour la théorie chimique de Lavoisier, et moins pour sa théorie physiologique, qui est cependant bien supérieure, et on n'a pas assez de dédain pour la théorie chimique de Stahl, qui est l'expression de la vérité.

J. B. Dumas, qui voulait faire grand, a comparé maladroitement la molécule chimique au système solaire : ce qui est le comble de l'absurdité, car les atomes sont en contact dans les molécules et ne gravitent pas à distance autour d'un centre. Je ne crois pas qu'un seul chimiste ou physicien conserve cette manière de voir sur la molécule. Mais à l'époque où l'éloquent chimiste professait, cela était dit avec un tel aplomb, une telle élégance de langage, qu'on se laissait entraîner par cette grandeur d'idée, toute fausse qu'elle est.

Le système du monde de Laplace, adopté par la plupart des savants, même les cléricaux, est cependant une erreur grave de ce grand mathématicien, qui ne l'a donné, d'ailleurs, que comme une supposition. Cela n'empêche pas qu'il est en faveur auprès des astronomes, des géologues et de beaucoup de physiciens (1).

---

1. Newton n'a considéré l'attraction universelle que comme un

Cette nouvelle genèse du monde, si contraire à celle enfantine et bébête de la Bible, a fini par être acceptée, avec bien des restrictions, et après de longs combats, par le clergé savant. C'est un tort, car si la Genèse de la Bible est tout à fait idiote, celle de l'athée Laplace, n'a que l'apparence d'être vraisemblable pour les personnes qui n'approfondissent pas assez ce qu'on leur enseigne, et alors sont incapables d'en trouver les défauts.

Le système du monde de Laplace tout ingénieux qu'il est, ne repose sur aucune base sérieuse. Il admet d'abord que tous les mondes ont été formés par des nébuleuses. D'abord, des nébuleuses non résolubles en étoiles existent-elles? Cela est très douteux, car à mesure que le progrès des instruments d'observation a été plus grand, des nébulosités se sont transformées en étoiles. Malgré le perfectionnement des télescopes, il y a toujours plus loin des amas d'étoiles qui forment une lumière diffuse. On peut aujourd'hui remarquer que toutes les nébuleuses vues à l'œil nu ont toutes été divisées en étoiles par de puissants instruments. Ainsi, il n'y a aucune preuve que notre système solaire ait été d'abord une nébuleuse.

D'après cette théorie, les nébuleuses prendraient une forme lenticulaire avant de former des mondes. Cependant, en observant les nébuleuses, on n'en voit pas une

fait. On supposerait qu'elle provient d'une nouvelle horreur du vide de la nature en admettant que les corps s'attirent par eux-mêmes sans cause.

seule qui ait cette forme. Cependant, pour que les nébuleuses restent dans une forme durable, elles ne pourraient
exister que dans celles de figures sphéroïdales ou lenticulaires. Si elles étaient des vapeurs ou gaz mobiles,
comme des nuages, elles changeraient de formes. Il y
a bien quelques nébuleuses ayant une certaine analogie d'aspect avec celles de la théorie de Laplace ; mais
c'est à peu près aussi vague que les figures des constellations du ciel où il y a plus d'imagination que de
vérité. Cela est d'autant plus vrai que ces figures de
nébuleuses, selon qu'elles sont vues à l'œil nu ou avec
des lunettes qui grossissent plus ou moins, n'ont pas
le même aspect. Ce qui prouve évidemment que les
parties de ces nébuleuses ne sont pas du tout dans le
même plan par rapport à nous.

En supposant même que ces espèces de vapeurs, ou
gaz, restent des siècles dans la même position instable
de formes indéfinies, il ne s'ensuit pas que, quand ces
fluides légers et lumineux se réunissent d'abord en formes sphériques, puis en formes de plus en plus lenticulaires, qu'ils contiennent une grande quantité de chaleur ; que cette chaleur se transforme en mouvement
de rotation, et que, enfin, ce ne soient pas les parties
extérieures qui commencent à se refroidir et, alors, à
se contracter plus vite que le centre de cette nébuleuse
en procréation de mondes. Si ce refroidissement était
insuffisant pour faire des corps solides, tout de suite,
la nébuleuse finirait peu à peu par ne faire qu'une
seule masse. Si, au contraire, le refroidissement était
très rapides à la circonférence de cette nébuleuse, les

masses solides qui se produiraient, acquérant une vitesse de rotation plus rapide (selon la théorie de Laplace), s'échapperaient par des tangentes et ne feraient
plus partie du système solaire ou autre. Cela serait
d'autant plus possible que la nébuleuse origine de notre
monde solaire, se dirigeant probablement comme le
système actuel vers la constellation d'Hercule, les corps
solides formés devraient, non seulement s'échapper par
la force tangentielle, mais aussi par celle transversale,
ce qui ferait un mouvement héliçoïdal pour la planète
nouvelle.

Ces idées de Laplace sont tout à fait contraires au
grand principe de la *Conservation de l'énergie*. En
effet, on ne sait d'où viennent ces nébuleuses, pourquoi
elles contiennent une grande quantité de chaleur et
pourquoi cette chaleur disparaît ? Pourquoi le soleil et
les planètes se refroidiraient plutôt que de s'échauf-
fer par leur frottement dans l'éther ? Pourquoi notre
système solaire continuerait son mouvement dans l'espace malgré la résistance de l'éther ? Si les astres se
refroidissaient, il faudrait pour compléter la théorie de
Laplace, nous dire comment les astres morts pourraient se dissoudre et faire récupérer à leurs débris
l'énergie qu'ils auraient perdue.

Si tout notre système se refroidissait, comme le pensent presque tous les astronomes, et notamment Flam-
marion qui, comme moi, croit à la vie universelle sur
tout les mondes ; les planètes et même le soleil ne
seraient plus habitables. A quoi servirait au centre de
notre petit univers, un astre mort entraînant une foule

de petites planètes gelées et les cadavres de tous les êtres qui y auraient vécu ?

Un autre savant, moins astronome, mais plus géologue, M. de Lapparent, veut nous faire mourir sous l'eau, non pas par un déluge, mais par l'action lente des eaux qui entraînent toutes les parties du globe au-dessus de la mer. Quoique ce géologue soit professeur dans une université catholique, il ne croit, ni à la Genèse biblique, ni au déluge universel ; mais il est fidèle au système de Laplace, qui est moins naïf, mais guère plus vrai.

Des théories chimiques, nous nous sommes élevés jusqu'à la génération des mondes infiniment grands ; nous allons un instant retomber dans les infiniment petits.

L'étude des microbes, c'est-à-dire des animaux et végétaux microscopiques, offre aussi beaucoup d'intérêt, d'autant plus qu'ils paraissent agir dans certaines maladies comme cause de leur production et, surtout, de leur aggravation et de leur propagation. Cependant, nous pensons que l'on a beaucoup exagéré l'influence des microbes. C'est une mode, ou plutôt une manie, de vouloir que toutes les maladies soient produites par ces êtres microscopiques qui se trouvent beaucoup plus dans la décomposition des êtres organisés résultant des maladies et de la mort, que comme génération du mal.

Les actions physiques et chimiques produites par le soleil, origine de tout ce qui existe comme êtres organisés ou comme composés organiques, ont une autre influence sur la santé que tous les microbes, quelques nombreux qu'ils soient.

Les microbiologistes attribuent aux microbes tous les maux de l'humanité : Cela est un tort grave. Les microbistes, renchérissant sur les premiers, attribuent maintenant aux microbes presque toutes les actions chimiques qui se produisent ; cela devient insensé.

Ces exagérations sont nuisibles au progrès.

DELAURIER.

TABLE DES MÉMOIRES